2020年国家社会科学基金重点项目"近代少数名族先贤名人爱国情怀研究"（20AMZ004）

服装色彩与传统植物染研究

林俊文 著

中国原子能出版社

图书在版编目（CIP）数据

服装色彩与传统植物染研究 / 林俊文著． -- 北京：
中国原子能出版社，2021.5（2023.1重印）
ISBN 978-7-5221-1397-5

Ⅰ．①服… Ⅱ．①林… Ⅲ．①植物－天然染料－染料
染色－应用－服装色彩－设计－研究－中国 Ⅳ．
① TS941.11

中国版本图书馆 CIP 数据核字（2021）第 103687 号

服装色彩与传统植物染研究

出版发行	中国原子能出版社（北京市海淀区阜成路 43 号 100048）
责任编辑	杨晓宇
责任印刷	赵 明
印　　刷	河北宝昌佳彩印刷有限公司
经　　销	全国新华书店
开　　本	787 毫米 *1092 毫米 1/16
印　　张	12.625
字　　数	221 千字
版　　次	2021 年 5 月第 1 版
印　　次	2023 年 1 月第 2 次印刷
标准书号	ISBN 978-7-5221-1397-5
定　　价	68.00 元

网址：http//www.aep.com.cn　　E-mail:atomep123@126.com
发行电话：010-68452845　　　　版权所有 翻印必究

前　言

色彩是万物的首要特征。人类的服饰，自古就呈现出五彩缤纷的特征。这些色彩，大多是通过染色形成的。染色离不开染料，几千年来，中华民族一直利用天然染料，特别是植物染料，给世人留下了无数精美绝伦的纺织品和服饰文物。可以说，植物染在中国服装色彩中起到至关重要的作用。

我国是最早使用植物染料染色的国家。早在4500多年前的黄帝时期，人们就能够利用植物的汁液染色。《诗经》中有描写用蓝草、茜草染色的诗歌，可见中国在东周时期已经普遍使用植物染料。明清时期，我国天然染料的制备和染色技术都已达到很高的水平，染料除自用外，还大量出口。中国应用天然染料的经验跟随丝绸一同传播到海外。毫无疑问，植物染这一工艺凝聚了许多前人的经验与智慧，但随着时代的变迁，很多都被遗忘了。只有这些色彩被重新赋予意义，才不会使文化形成断层。

近年来，随着人们环保意识的增强，以及各国环保法规的实施，一方面，合成染料中的部分品种被禁用，纺织品的生态染色问题引发国内外越来越多的关注；另一方面，纺织和时装正在趋向天然化，人们向往回归自然，返璞归真。市场对天然植物染的需求变得越来越迫切，特别是高端市场的需求已经显现。由此，对植物染这一古老的工艺展开系统性的研究就显得很有必要。基于此背景，笔者特撰写《服装色彩与传统植物染研究》一书，在探寻中国服装传统色彩的基础上，对植物染工艺展开研究。

全书分为七个章节展开论述。第一章以中国传统色彩文化作为开端，具体论述传统色彩观与审美意识及传统服饰中的色彩文化。第二章由传统色彩文化自然过渡到植物染，涉及植物染的历史变迁及现状与发展两个方面。第三章至第六章围绕植物染工艺展开系统性研究，包括不同色系的植物染料、传统手工染色工艺、植物染料的染色牢度与防蛀抗菌方面的内容。第七章则从实践的角度探究植物染工艺在现代服饰设计中的创新应用，挖掘植物染的艺术价值。在结束语部分，笔者对植物染的未来发展进行了展望。

总的来说，本书详略得当、论述清晰，是一本可供阅读的服饰与植物染方面的图书。

笔者在撰写的过程中，参考了一些同人的相关作品，在此，对相关作者表示衷心的感谢。受本人学识及能力影响，加之材料来源及实践感悟有限，书中难免存在不足之处，在此恳请广大专家学者及读者朋友不吝赐教，积极提出宝贵意见，以便今后加以改进和完善。

目 录

第一章　中国传统色彩观与服饰色彩文化

中国的传统色彩产生于漫长的民族发展历程之中，体现着中华民族的文化特征、审美意趣和民族性格。传统色彩深受我国的哲学思想影响，也体现着我国哲学思想的意旨。中国传统的色彩观主要有五色观和儒、释、道色彩观，这些色彩观念下的服饰色彩多是植物颜料染成的，可以说植物染工艺是我国传统服饰色彩审美的基础，多样的植物染技法孕育出丰富的传统色彩。

第一节　传统色彩观与审美意识

一、中国传统的色彩观

（一）传统五色色彩观

在漫长的生产、生活中，古人先贤们发现青、赤、黄、白、黑五种颜色只能通过从自然界中提取的原料研制，是其他任何色彩相混合都得不到的最纯正、基本的颜色。然而，当这五种颜色相互混合时，却会奇妙地生成无限丰富的其他色彩。中国传统的五色与五行学有着千丝万缕的密切联系，甚至可以认为五色就是五行学内容的一部分。在五行学对社会政治、经济、文化等领域产生影响时，不可避免地作用于人的审美思维和用色习惯，最终促成五色的产生、发展与成熟。

《周礼》载："画绩之事，杂五色。东方谓之青，南方谓之赤，西方谓之白，北方谓之黑，天谓之玄，地谓之黄。"这是目前见到的最早提出五色观的记载。从中可知，中国传统五色，就是指青、赤、黄、白、黑五种颜色。也是从周朝时期起，人们把"五色"理论纳入了"五行"体系，认为"五色"是"五行"之物的本色，并与"五方"相配属，即土黄在中、金白于西、木青在东、火赤于南、水墨位北，见图

1-1①。季节、方位、五脏、五味、五色、五气、生物等互为制约、互为循环、相生相克。

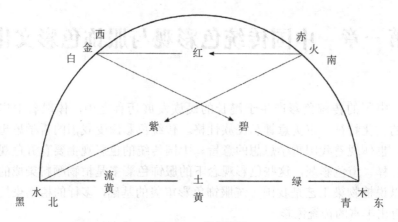

图 1-1 五色方位图

西周时期，就具有"正色"与"间色"之分，"五行五色"哲学认为宇宙万物均可归于"五行"之列。"青、赤、黄、白、黑"为五大"正色"，世间艳丽多彩的其他种种颜色也均由五色构成，其他色皆称为"间色"②。这种"正色－间色"学说，与现代光学的色彩理论竟然不谋而合，即三原色（红、黄、蓝）加两极色（白、黑）。基于"五行五色"的深远影响，人们便慢慢地把色彩直接称为五彩或五色，传统五色观由此形成，大家熟知的"五彩缤纷""五彩斑斓"等均出自于此。在"五行五色"理论中，"正色"是事物相生、相促进的结果，"间色"是相克、相排斥的结果，于是产生"正色"贵而"间色"贱、"正色"尊而"间色"卑、"正色"正而"间色"邪的对比。

古人之所以将"五色"与"五行"相结合，原因有两个：其一，五色是一切色彩的本源，恰好与万物之本的五行观相吻合，阴阳五行学总结出一切客观存在均由木、火、土、金、水五类元素构成，这是所有事物的本源性元素，而色彩是构成自然万物的一部分，亦不例外地在这一范畴中；其二，早在几千年前，统治阶级就从严格的封建礼教思想出发，将与五行相对应的五色称作五种正规的色彩，并且以这五种色彩为尊贵之色，而把五色之外的间色放在卑微的位置之上。

在传统服饰色彩理论中，色彩与自然、宇宙、哲学、伦理等多种观

① 卞向阳，崔荣荣，张竞琼，等编著．从古到今的中国服饰文明 [M]．上海：东华大学出版社，2018：466.

② 先锋空间编．中式配色 传统色彩的新运用 [M]．南京：江苏科学技术出版社，2018：13.

念构成统一的整体，以至于客观存在的色彩不仅被注入了具有思辨性质的哲学意味，也被增加了封建礼教的意义，形成别具风格的华夏色彩文化。周朝初始，建立了强大的"礼"制，五色成为一种主观的符号，被赋予特殊情感。汉代开始，服饰色彩被规定作为一种区分贵贱等级的标志，并成为巩固封建制度的重要手段，出现了"五行服色"制度。《后汉书》载"尊尊贵贵不得相逾"，就连衣服的颜色也要受色彩的支配，相应的官位有相对应颜色的官服，不得逾越。《后汉书·舆服志》记载："失礼服之兴……非其人不得服其服。"这种服饰色彩的等级制度在后来各个朝代被一直延续和发展着。五色同五行学的融合关系是出于对礼制的维护以及建立社会礼仪规范的需要。

统治阶级为维护自身利益而建立起一套严格明确的用色制度。每次改朝换代时，都要对不同品级、不同场合的用色制定繁褥的舆服制度。《礼记·玉藻》言："天子佩白玉而玄组绶，公侯佩山玄玉而朱组绶，大夫佩水苍玉而纯组绶，世子佩瑜玉而綦组绶，士佩瓀玟而缊组绶。"由此可见，五色在皇室中应用普遍。在古代中国被视为"正色"的五色，无疑与代表最高权威的正统皇室相符合，因而五色在皇室一直备受推崇。例如，清朝皇室的服饰中，黄色、黑色、赤色等正色的运用较多，见图1-2。中国古代很多朝代中，一般庶民很少穿正色服饰，其原因主要为严格的封建伦理等级思想的渗透，使平民只穿与自己身份相对应的服色，如灰色、深蓝等间色。

图1-2 清朝皇室的服饰色彩

正色与间色是传统五色观的一部分，相关内容已经在前面做了概述，这里将详细分析正色与间色在我国服饰文化中的传承与运用。"正色"，纯色；"间色"，杂色。南朝梁皇侃云："正谓青、赤、黄、白、黑五方正色也。不正谓五方间色也，绿、红、碧、紫、流黄是也。"[①]所谓"五方"，属中国古代哲学中的方位观。中国传统色彩理

---

① 许崇岫，徐春景，邹丽红编. 服装色彩设计 [M].石家庄：河北美术出版社，2010：49.

论设定了正色、间色与天、地、衣、裳的关系。《周礼·考工记》载："天谓之玄，地谓之黄。"《礼记·玉藻》载："衣正色，裳间色。"

1. 正色的传承与运用

传统服饰以艳丽为美。自古至今，"青、赤、黄、白、黑"作为传统五大正色，其在服饰生活、政治文化及其他领域中的运用，一直由中华民族延续传承着，且在传统配色上形成了独特的东方色彩风格——原色表现、纯色对比、和谐统一。

（1）青

在中国传统阴阳五行学说中，青为木、为东、为春，色彩形象广博、宁静。《说文》："青，东方色也。"《释名·释采帛》："青，生也，象物生时色也。"青色虽说是"正色"，但自汉代以后，穿以青为主色的人，多地位不高。唐、宋、明时期，六品以下官员服青（绿、蓝）。地位卑下如婢女，多穿青衣，白居易《懒放》："青衣报平旦，呼我起盥栉。"但也有上层人士如《礼记·月令》所记，仲春之月天子衣青衣。宋代皇太子、后妃、命妇等穿青罗衣。《诗经·郑风·子衿》："青青子衿。"蓝与青属同一大类。蓝，深青色。换言之，蓝色深而青色浅。《尔雅·释鸟》："秋鳸，窃蓝。"是说秋鳸的羽毛呈浅蓝色，即青色。古人对深青色（蓝）及浅青色的区分还是认真的。唐制：深青为八品官服色，浅青为九品官服色。

（2）赤

在中国传统阴阳五行学说中，赤为火、为南、为夏，色彩形象热烈、鲜明。《说文》："赤，南方色也。"《释名·释采帛》："赤，赫也。太阳之色也。"赤为正色，而为上层统治阶级所看重的是"朱"。《诗·豳风·七月》："我朱孔阳，为公子裳。"朱色屡见于贵族礼仪服饰之上。朱衣为古代公服，《礼记·月令》载，孟夏之月，"（天子）衣朱衣，服赤玉"。后来，亦指穿此服色的职位，《后汉书·蔡邕传》："臣自在宰府，及备朱衣。"李贤注："朱衣，祭官也。"《论语·阳货》："恶紫之夺朱也。"因而有明末清初好事者题《紫牡丹》图诗："夺朱非正色，异种也称王。"招致杀身之祸。比较起来，朱色深而赤色浅。清代段玉裁的《说文解字注》："凡经传言朱，皆当作絑。朱，其假借字也。"后赤、朱、绛、绯等泛称为"红"。

（3）黄

在中国传统阴阳五行学说中，黄为土，居中。五方五色表示方位，渗入五行以后，相生相克，往复循环，本无等级区别。《诗·邶风·绿衣》："绿衣黄裳。"朱熹集传："黄，中央土之正色。"①色彩形象庄严、辉煌，是中国儒家思想中地位极高的色彩。《易·坤》："天玄而地黄。"《说文》："黄，地之色。"《释名·释采帛》："黄，晃也。犹晃晃象日光色也。"表示黄色与阳光有关。古代蜡祭时穿黄衣，《礼记·郊特牲》："黄衣黄冠而祭。"传说黄帝服黄衣，戴黄冠。汉灭秦而为土德，尚黄。到后来，五色的地位被分出高低，黄色几乎成为皇家的专用色彩。

黄色真正成为帝王的朝服用色是在隋朝。如前所述，黄色对华夏民族的生存有着重要的意义，又因汉朝统治根基深厚，在几百年间形成了较为成熟的汉文化，且对后世影响深远。五行之说凸显了黄色在五色中的重要性，尚黄心理已成为一种民族习惯，故而隋朝将黄色定为帝王之色也就不难理解了。《唐六典》中记载隋文帝穿柘黄袍上朝。柘黄，是用柘木汁染成的赤黄色。此时民间还不禁黄色，上至皇帝、贵族，下至平民百姓，都可以穿黄衣。唐朝沿袭隋朝贯制，唐代帝王、皇后都着赤黄袍。唐高祖时沿用隋制，天子常服为黄袍，所以士庶不能服黄色，对服装的黄色禁令由此开始。《旧唐书·舆服志》记载："武德初，因隋旧制，天子宴服，亦名常服，惟以黄袍及衫，后渐用赤黄，遂禁士庶不得以赤黄为衣服杂饰。"尽管士庶不得服赤黄，但是官员还可以穿。初唐时，四品官官可以穿黄服。到唐中宗时，七品以上都可穿黄色衣服。至唐玄宗，三品官衔即赏黄色官服。高宗初年，流外官员和平民也可以穿普通的黄色衣服，但在唐高宗总章年间有所禁忌，开始出现民间禁黄服的规定。

（4）白

在中国传统阴阳五行学说中，白为金、为西、为秋，色彩形象纯净、冷峻。《释名·释采帛》："白，启也，如冰启时色也。""缟"亦作白。《说文》："缟，鲜色也。"《诗·郑风·出其东门》："缟衣綦巾。"朱熹集传："缟，白色"，白又作"素"，《说文》："素，白緻缯也。"素衣可作白衣、无纹衣解。古代未仕者称"白衣""白丁"。刘禹锡《陋室铭》："谈笑有鸿儒，往来无白丁。"白色又用于"吉服"及"凶服"。《史记·荆轲传》："太子及宾客知其事者，皆白衣冠以送之。"《周礼·春官·司服》："大札、大荒、大灾、素服。"南朝时，白帽白衫不局限于"白丁"或"吉服"，官宦士

① ［宋］朱熹注．新刊四书五经 诗经集传［M］．北京：中国书店，1994：18．

庶均用。唐宋间白衫为便服，兼为凶服。

（5）黑

在中国传统阴阳五行学说中，黑为水、为北、为冬，色彩形象深沉、严肃。《说文》：“黑，火所熏之色也。”《释名·释采帛》：“黑，晦也，如晦冥时色也。”古代军士衣黑衣，因而“黑衣”为军士代称。《国策·赵策四》：“愿令得补黑衣之数，以卫王宫。”黑而有赤色者为玄。比较起来，黑色深而玄色浅。定位于天色。《周礼·春官·司服》：“祭群小祀，则玄冕。”《说文》：“玄，幽远也。象幽而入覆之也。”《诗·豳风·七月》：“载玄载黄。”《释名·释采帛》：“皂，早也，日未出时早起视物皆黑，此色如之也。”皂与玄极相似，宋沈括《梦溪笔谈》：“玄乃赤黑色，燕羽是也，故谓之玄鸟。熙宁中，京师贵人戚里多衣深紫色，谓之黑紫，与皂相乱，几不可分，乃所谓玄也。”在实际应用中，玄、皂、黑相通，如皂靴，即黑色的靴。

纵观中国历史，几乎每个朝代都以一种正色作为代表色，比如“殷尚白周尚赤”等。在色彩搭配上喜欢将对比或互补的纯色配合使用，从而达到明快强烈的色彩效果。如民间过年时的新衣常利用正色如红、黄、蓝等进行对比配色，能够很好地营造出节日欢乐喜庆的氛围。在色彩选择上，利用主体色与点缀色的鲜明对比关系，加上同一色彩的明度渐变（民间也称为“晕色”）以衍生出很多跳跃却统一和谐的色彩组合，多达十余种搭配色彩的点缀，使视觉效果异常突出、耀眼，并给人以强烈的视觉刺激，艳丽和富丽堂皇的感觉自然流露。传统服饰色彩往往追求在和谐统一的基础上合理进行对比强调，使色彩调和统一又不失艳丽，赏心悦目而又喜庆吉祥，独具东方特色。在利用正色搭配时，为避免高纯度的原色对比造成过分刺激与不和谐，往往通过控制对比色的纯度、明度和使用面积，以及采用黑白灰或其他中性色过渡的手法，以减小对比的强度。

2. 间色的传承与运用

从间色即杂色、不正色的概念来看，除上述“五方间色”以外，属于间色的还有苍、赪、绛、绯、缙、赭、缃、缇、缁等。

（1）绿

《说文》：“绿，帛青黄色也。”《释名·释采帛》：“绿，浏也，荆泉之水於上视之浏然，绿色此似之也。”《诗·邶风·绿衣》：“绿衣黄裳。”朱熹集传：“绿，苍胜黄之间色。”绿色鲜而蓝色浓，所以白居易的《忆江南》曰：“日出江花红胜火，春来江水绿如蓝。”又“艾”亦绿色。《后汉书·冯鲂传》：“赐驳犀具剑、佩刀、紫艾绶、玉玦各一。"艾绶，绿色的印绶。《环济要略》中的"五间色"，有"绀"而无绿。《说文》："绀，帛深青扬赤色。"《释名·释采帛》："绀，含也，青而含赤色也。"均指深青透红之色。

（2）红

古代视浅红色为红色，后又以红泛指朱、赤、绯、绛等一切红色。《说文》："红，帛赤白色。"《释名·释采帛》："红，绛也，白色之似绛者也。"红虽属不正之色，仍位于高贵之列，《论语·乡党》："君子不以绀纼饰，红紫不以为亵服。"唐宋时期，四、五品官员的服装为绯，即红色。此后"纱帽红袍"成为官场的象征性语言。红色又是吉祥、幸福之色，民间运用极广，古今婚嫁、节庆等活动皆用红色。

（3）碧

碧本为青绿色的玉石，作为色名，亦多用于玉石及其制作物如首饰等。《世说新语·汰侈》："君夫（王济）作紫丝布步障，碧绫裹四十里。"《环济要略》中的"五间色"，有"缥"而无碧。《说文》："缥，帛青白色。"《释名·释采帛》："缥，犹漂也，漂漂浅青色也。"均指缥为淡青色，即所谓"月白色"。"月白"一词始见于《史记·封禅书》，"太一祝宰则衣紫及绣，五帝各如其色，日赤，月白"。此后成为色名，一直沿用。《红楼梦》第五十七回："跟他的小丫头子小吉祥儿没衣裳，要借我的月白绫子袄儿。"

（4）紫

《说文》："紫，帛青赤色。"蓝红相合之色。中国古代对紫色褒贬不一。有视紫色为卑下之色，如《释名·释采帛》："紫，疵也，非正色。五色之疵瑕，以惑人者也。"《论语·阳货》："子曰：恶紫之夺朱也。"何晏集解："朱，正色；紫，间色之好者。恶其邪好而乱正色。"[①] 有视紫色为高贵之色，如《左传·哀公十七年》："良夫乘衷甸、两牡、紫衣、狐裘，至。"杜预注："紫衣，君服。"《韩非子·外储左上》："齐桓公好服紫，国尽服紫，当是时也，五素不得一紫。"古代公服，如唐制，亲王及三品以上官始能服紫。

（5）流黄

刘昭《续汉书·礼仪志下》："近臣及二千石以下皆服留黄冠。"《文选》南朝梁江文通《别赋》："惭幽国之琴瑟，晦高台之流黄。"注："张载《拟四愁诗》：'佳人赠我筩中布，何以报之流黄素。'《环济要略》曰：'间色有五：绀、红、缥、紫、流黄也。'"

---

① 王夫之编．王船山先生诗稿校注［M］．湘潭：湘潭大学出版社，2012：24．

（二）传统儒家色彩观

在古代，儒家学者称为儒士，儒士的形象是儒雅的，即学识渊博，举止、风度翩翩有礼，温文尔雅。儒家色彩观总体上继承了周朝时期的五色理论，沿用五色为正色、其他色为间色的传统，主张尊卑贵贱有序，色彩装饰不可混淆，更不可颠倒。《荀子·法行》载："夫玉者，君子比德焉。"《诗经》曰："言念君子，温其如玉。"与兰同芳、与竹同谦、与莲同洁，在于这些花木具有拟人的高尚品性。儒家色彩观中有一个重要的观念——"比德"。所谓"比德"，即以自然事物比拟人的道德，是自然特性的人格化、道德化。儒家虽没有色彩"比德"的直接描述，但可从儒家审美的"比德"观念中得到启示。在儒家色彩观看来，色彩之所以美，是因为色彩的装饰暗示着人的美德，从色彩装饰中可以窥见主人的性情。

孔子在《论语·雍也》中说："质胜文则野，文胜质则史，文质彬彬，然后君子。"这里的"文质彬彬"指的是文章的文采与内容的关系，影射到审美上，"文"所对应的是事物的外部形式美，"质"对应的是事物的内在美，"彬彬"配合过分的外部装饰则名不符实，缺少装饰则平淡无味，毫无美感可言，只有"文"与"质"相互协调，才能达到真正的和谐美。儒家色彩观肯定了色彩作为外部装饰的形式要与内容协调，要符合"文质彬彬"的审美评价标准。

（三）传统道家色彩观

老子曾提到"五色令人目盲"[①]，庄子也提出了"五色乱目，使人目不明"[②]，迷离纷乱的色彩，过度的视觉刺激，必然会使人"目盲"。道家哲学崇尚"清净""无为"，追求"道法自然"，其色彩观是追求自然色彩的素净之美，崇尚无色之美，反对过度修饰。道家重视阴阳，主张"玄学"，崇尚黑色，认为黑色是高居于其他一切色彩之上的颜色。道家对黑色的审美态度直接影响到中国绘画的色彩美学思想，并奠定了墨色在中国绘画中的造型地位。道家思想影响了中国文人的色彩观，使他们崇尚水墨，运用墨色的变化来强调神韵，呈现作品的丰富内涵。水墨画所具有的表现形式和审美意识，极大地影响着中国艺术的发展。在

---

① 张勇编.道德经新解[M].武汉：武汉大学出版社，2016：87.
② 徐中玉编.中国古典文学精品普及读本.先秦两汉散文[M].广州：广东人民出版社，2019：171.

古人看来，水墨是种色相最朴素而又包含着最丰富色阶层次的颜色，宁静的墨色没有众彩眩目的刺激而显得更加恬淡。

（四）传统佛家色彩观

在国外的佛教绘画色彩传入我国之前，传统的中国绘画多呈现以五色为主的暖色调倾向，形成了特征明显的重彩绘画。在北魏至隋唐时期，中国大量引进印度佛教雕塑壁画，壁画用的是青绿等色彩，极具装饰效果，视觉上对比强烈而和谐。随着佛教的逐渐汉化，佛教艺术逐渐融入了中国本土的艺术形式，用色上也和中国的传统相结合，这从敦煌中后期的壁画和雕塑上可见一斑。佛教壁画多用五色等传统色彩，同时崇尚金色和青色、绿色。佛教色彩具有强烈的主观性，重视色彩的情感表达。佛教在色彩上强调对客观世界的内省体验和知觉把握。佛教色彩观认为，世界上一切事物的色彩皆是因人的主观意识而存在，客观万物的色彩也是人为的意识。

佛家认为"非有非无，亦有亦无，一切都在有无空色之际"[①]，这与道家的"无色而五色成焉"[②]观点相似。佛教主张虚无的色彩观，并赋予色彩以特殊的伦理意义。佛经认为，世间所有事业包括在"息""增""怀""伏"四大范围以内。"息"表示温和，以白色为代表；"增"表示发展，以黄色为代表；"怀"表示权力，以红色为代表；"伏"表示凶狠，以黑色为代表。佛教崇尚黄色，并视红色为贵，这主要是受中国传统的阴阳五行学说及五色体系的影响。

二、传统色彩审美意识

（一）赤色的传统审美意识

《说文解字》云："赤，南方色也。"赤者，火也。赤色在五行中对应"火"，属于南方，古汉语中的"赤天"就是指代南方的天空。赤色，是火焰的颜色，也称为红色。中华民族对红色有与生俱来的情结，根植于社会的各个阶层以及方方面面。人们尊称华夏始祖炎帝为赤帝，上至皇族，下至平民，举办喜庆宴会时都离不开红色；现代人称受欢迎之人为"红人"；将事业一开始取得好成绩叫作"开门红"……这无一

---

① 先锋空间编.中式配色 传统色彩的新运用 [M].南京：江苏科学技术出版社，2018：26.

② 杨树达.杨树达 周易古义·老子古义 [M].吉林出版集团股份有限公司，2017：164.

不体现人们对红色的喜爱与依赖，并赋予其吉祥、神圣、高贵的含义。红色代表着太阳与光明，成为生命力与尊贵的象征。

1. 绯红色的传统审美意识

绯红是传统色彩，属红色系的一种，色相为较艳丽的深红色，见图1-3。韩愈的《寄崔二十六立之》云："又寄百尺彩，绯红相盛衰。"《儒林外史》第二十三回："万雪斋听了，脸就绯红。"都展现了绯红的传统审美意识。

图1-3 绯红

2. 中国红的传统审美意识

中国红贯穿了整个中华民族的历史，影响至今，被国人视作"国色"，见图1-4。中国红即大红色，在红色系中最为中正不偏，纯度与明度都极高。人们相信中国红能辟邪护佑、逢凶化吉，逢本命年时，人们对大红色尤其钟爱，穿红内裤，绑红腰带，着红鞋垫，都源于中华民族对红色文化的不朽崇拜。

图1-4 中国红

中国红代表着平安团圆、喜庆吉祥、福禄康寿、华美尊贵、繁盛兴旺、热烈狂欢等种种正能量，概括着中华民族生生不息的生动历史。民间举行节庆典礼时张灯结彩，挂上大红灯笼，用红纸写春联、贴神福，婚嫁喜庆的服色采用中国红，炽热炫目的中国红吸纳了朝阳最富生命力的元素，一片红光笼罩，增添了许多热闹的气氛。

3. 胭脂红的传统审美意识

"胭脂"，实际上是一种名叫"红蓝"的花朵，经过加工处理后可成为一种稠密润滑的脂膏，其色泽鲜艳娇媚，涂抹在脸上使人充满元气光泽。胭脂古代亦作"燕支""嬿脂"，是一种用于化妆和国画的红色颜料，见图1-5。汉代后开始流行的红妆使胭脂红成为妇女追捧的流行色彩，《木兰辞》中便有描写："阿姊闻妹来，当户理红妆。"

图1-5　胭脂红

4. 深釉红的传统审美意识

不同时期的红釉瓷器呈现不同色泽，深釉红是在元代继钧窑之后所出现的另一种红色表现方法，往往呈灰红色或暗褐色，醇厚欲滴的色彩华丽典雅，散发出神秘的尊贵感，见图1-6。由于红釉瓷器的产量不多，传世极少，备显其奢华珍贵。

图1-6　深釉红

5. 朱砂色的传统审美意识

中国书画被称为"丹青"，其中的"丹"即指朱砂。《墨池编》就记载了"造朱墨法"，朱砂又以湖南辰州所产的朱砂最佳，故又名"辰砂"，辰砂还可磨研出名贵的彩墨，这就如女孩子多变的心，藏着一份外刚内柔的不俗情怀。朱砂作为古代矿物颜料的原料之一，提炼出来的色彩典雅肃穆、红润大气、经久不褪，深受我国书画家的喜爱，见图1-7。中国古代的皇家建筑中，朱砂色使用广泛，如北京皇家建筑的城墙、门、柱等，沉着的朱色庄重静穆，充分显示帝王的富贵和尊严。

图1-7　朱砂色

6. 秋橘红的传统审美意识

秋橘红指秋天成熟的橘子皮的颜色。秋橘红带着充沛的活力，象征光明温暖，浓郁的色彩在金秋显得格外耀眼，见图1-8。苏轼曾道："归来平地看跳丸，一点黄金铸秋橘。"[1]秋橘红就是这样一种黄中带红、透着金黄色泽的色彩。

图1-8　秋橘红

7. 霓粉红的传统审美意识

霓粉红是传统色彩，属红色系的一种，色相为较艳丽的深红色，见图1-9。《说文解字》曰："霓，屈虹，青赤，或白色，阴气也。"霓指雨后天空中出现的弧形彩带，其排列顺序与虹相反，为紫色在外、红色在内，色彩也较虹暗淡。在色彩表达中有多彩、鲜明之意，霓粉红是介于粉红与大红色之间的亮丽颜色。

图1-9　霓粉红

霓粉色少了一丝威严，却多了一份浪漫意味，仿似舞姿曼妙的少女翩翩起舞，在依稀中徒留一缕暗香盈满于袖。在封建皇室的节庆典礼等正式场合上，正室穿着大红色，而侧室则穿上区别于正红色的艳丽色彩，以霓粉色、桃色等较为常见。

8. 豇豆红的传统审美意识

有诗句曾形容豇豆红的色彩："绿如春水初生日，红似朝霞欲上时。"[1]豇豆红为红釉中的一种，其釉色红如豇豆，故而得名。又因其娇艳之色如幼儿红脸，或如二月桃花，或如美女微醉之红颊，故又有"娃

---

① 陶文鹏编著.苏轼集[M].郑州：河南文艺出版社，2018：177.
① 王振华编.以文说物[M].济南：齐鲁书社，2018：155.

娃脸""桃花片"及"美人醉"之美称，见图1-10。

图1-10　豇豆红

9. 石榴红的传统审美意识

韩愈诗曰："五月榴花照眼明，枝间时见子初成。"[1]描写了石榴花的色彩明艳照人。在唐代，用石榴花漂染的红色裙子颇受年轻女子的青睐，有"眉黛夺将萱草色，红裙妒杀石榴花"[2]之说，道出了红裙子与石榴花争相竞艳的盛况。石榴红的明度和纯度较高，是自古以来便风行我国的经典色彩，其颜色取自石榴花，见图1-11。

图1-11　石榴红

（二）黄色的传统审美意识

黄色的美好寓意还来源于人们对黄土地的向往与深情，每当金秋十月，庄稼丰收，黄澄澄的稻田里泛起喜悦的波浪，它代表着希望与收获。黄色在传统的五行色彩观中代表"土"，象征着大地的颜色，寓意万物生长。土居中央，黄色也成为中央正色，"中央"不仅有方位、地域的概念，还蕴含政治权力的意味，被视为尊贵之正色。天子所颁文告称为"黄榜"，皇室所藏典籍以黄绫封表，宰相的居宅为"黄阁"，释迦诸佛像以黄金为饰。古代天子乘车以黄缯覆车盖，自唐高宗起，"天子服黄袍，庶人不得服之"[3]。

---

① 成玮，李光卫编.给孩子的好诗词.跟着季节学古诗[M].上海：上海教育出版社，2019：155.

② 赵传仁编.诗词曲名句辞典[M].济南：山东教育出版社，1988：799.

③ 先锋空间编.中式配色 传统色彩的新运用[M].南京：江苏科学技术出版社，2018：132.

1. 明黄色的传统审美意识

有诗云："江南十载战功高，黄褂色映花翎飘。"[①] 诗中"黄褂色映花翎飘"指的是黄马褂，黄马褂是皇帝赐予有功之臣的官服，得此赏赐乃是臣子的无上荣耀。在中国的传统思想中，天子为龙的化身，色彩与皇权的结合，受到传统的"礼"以及"天人合一"思想的影响，黄袍加身的天子如同一条能上天入地、腾云驾雾、翻江倒海的猛龙，为社稷江山谋福利。明黄色取自栀子的果实，色泽鲜艳明亮、纯度高，是透露轻微青色的冷调黄色，至清朝成为象征皇权的最高色彩，意味着高贵和权力，见图1-12。

图1-12　明黄色

2. 姜黄色的传统审美意识

除沿袭了黄色的温暖亮丽外，姜黄色则更显低调典雅，古旧的色彩沉积了岁月价值，令人想起旧日的好时光。姜黄色指草本植物姜黄的颜色，姜黄又名郁金、黄姜，可入药，呈深黄带褐色，是明度和纯度略低的一种黄色，见图1-13。

图1-13　姜黄色

3. 土黄色的传统审美意识

土黄色质朴淳厚，带有一股粗犷不羁的原始魅力，令人联想到广袤的土地沙漠。土黄色为中国传统的颜色，源自泥土的色彩，是黄色中较深的一种，属于暖色系，见图1-14。

图1-14　土黄色

---

① 王钟陵编. 古诗词鉴赏 [M]. 成都：四川辞书出版社，2017：386.

4. 嫩姜黄的传统审美意识

嫩姜又叫子姜，是姜的根茎。嫩姜黄色调明快清新，是比姜黄色明度略高的一种黄色，有鲜嫩的感觉，见图1-15。

图1-15　嫩姜黄

5. 萱草色的传统审美意识

萱草又叫黄花菜、忘忧草等，在古代被视作思念母亲和寄托相思之情的植物。旧时，但凡出远门的游子都要在母亲的住所前种上一株萱草，以安慰母亲。萱草还充当了爱的使者，寄托了恋人的无限忧思。备感温情的萱草色能够抚慰人心，令人暂时忘却种种伤心与牵肠。萱草色黄中带红，接近于橘色，为暖调的黄色，见图1-16。

图1-16　萱草色

6. 樱草色的传统审美意识

樱草色，我国专有的色彩名词，即樱草的颜色。樱草色是一种偏冷的黄色，含有绿色的成分，色彩明度较高，甚至带有一点荧光光泽，有活泼单纯的感觉，见图1-17。

图1-17　樱草色

7. 象牙黄的传统审美意识

牙雕是我国一门古老的传统技艺，艺术题材丰富，耗工费时，制作难度极高，成品价值也相当昂贵，由此受到古代权贵的热捧，以炫耀身份与家财。新鲜的象牙呈白色微黄，随着时间的消逝，象牙的色泽会逐渐变深，最后可变至黄褐色。象牙黄是大象牙齿的颜色，见图1-18。

图1-18　象牙黄

8. 柘黄色的传统审美意识

柘黄色是略带红调的暖黄色，为我国传统色彩之一。在我国，柘黄色象征着权威与力量，苏轼诗云："柘袍临池侍三千，红妆照日光流渊。"[①] 既显示了天子的身份尊贵，也从侧面表达出柘黄色是具有政治色彩的一种文化象征。《本草纲目·木三·柘》记载："其木染黄赤色，谓之柘黄，天子所服。"柘木染出的织物在月光下呈泛红光的赭黄色，在烛光下呈赭红色，其色彩炫人眼目，见图1-19。早在隋文帝时，柘黄色便得到天子钟爱而作为皇袍用色，此后演变成天子的御用色彩。

图1-19　柘黄色

9. 秋香色的传统审美意识

香色，又可称秋香色，是植物沉香、檀香的色彩，呈色调稍沉的黄棕色，见图1-20。香色也是源自天竺的植物颜色，故僧侣所着服装也采用香色，这便赋予了香色以德高望重的地位，往往给人大方稳重的感觉。

图1-20　秋香色

---

① 潘富俊. 美人如诗，草木如织：诗经植物图鉴 [M]. 北京：九州出版社，2018：230.

10. 藤黄色的传统审美意识

藤黄色是我国应用广泛的国画颜色之一，取自南方热带雨林中的海藤树，从其树皮凿孔，流出黄色树脂，以竹筒承接，干透后便可作为国画颜料。其色泽纯度较高，有活泼明快之感，多用以画花卉、枝叶等，见图1-21。

图1-21 藤黄色

11. 鹅黄色的传统审美意识

鹅黄色指鹅嘴的颜色，又像小鹅绒毛的颜色，是高明度、微偏红黄的淡黄色，见图1-22。鹅黄色在温馨中散发出几分微甜的气息，从李涉的《黄葵花》"此花莫遣俗人看，新染鹅黄色未乾"诗句中可见一斑。早春的柳花便呈鹅黄色，淡雅轻松的鹅黄色，既不俗艳也不张扬，令人感觉愉悦清新，不知不觉便平静下来。

图1-22 鹅黄色

（三）蓝色的传统审美意识

蓝色在传统五色观中为青，代表东方，是我国古代平民阶层的常用服色，也是中华文化里不可或缺的一种色彩。《说文解字》曰："蓝，染青帅也。"蓝草，即可提取靛青染料的蓼草。在佛教中，圣洁的蓝色代表佛教慈悲和平的主旨。还有我国最出名的青花瓷上的蓝釉色即青花蓝，被视为我国国色之一，深受人们的喜爱。

1. 蓝墨色的传统审美意识

蓝墨色是一种很深的蓝，近似于墨黑色，亮度与纯度极低，见图1-23。蓝墨色是夜幕降临，天色变暗时的天空色彩，象征深邃无边的宇宙天空，给人无限的想象。

图 1-23 蓝墨色

2. 靛蓝色的传统审美意识

战国时期荀况的千古名句"青，出于蓝而胜于蓝"就源于当时的染蓝技术。在秦汉以前，靛蓝的应用已相当普遍，漂染出来的蓝布朴实浓郁，色彩经久不褪，深受当时平民百姓的欢迎。靛蓝是一种具有三千多年历史的还原染料，见图 1-24。

图 1-24 靛蓝色

3. 竹月色的传统审美意识

竹月色指竹林中的月色，明朝诗人高启的《林间避暑》云："松风催暑去，竹月送凉来。"竹林深处，疏影映照斑驳一地月色。竹月色典雅柔和，而且洋溢着诗一般的浪漫气息，见图 1-25。

图 1-25 竹月色

深竹月色的颜色较竹月色深，明度和纯度偏低。竹月清寒，夜色阑珊，如同仲秋深夜的竹林夜色，能营造更宁静清凉的意境，见图 1-26。

图 1-26 深竹月色

4. 岩石蓝的传统审美意识

岩石蓝是纯度偏低的蓝色，它带着石头的坚硬疏朗，色调上趋向灰色。但在中式家居中作为背景或者调和色时，给人一种傍晚时分烟雾氤氲的感觉，是带有梦幻感和给人冷意的色彩，见图1-27。

图1-27　岩石蓝

5. 石青色的传统审美意识

石青即蓝铜矿石，青蓝色的原料，石青色是一种呈玻璃光泽的蓝色，见图1-28。石青色因其色彩罕见，一度成为贵族的衣服用色，较一般的蓝色拥有更高贵的地位。石青色是我国传统文化及绘画中极其重要的颜色。石青色最早可见于我国的宗教壁画中，运用石青、石绿等矿石颜料衬托出宗教神明的祥和安乐，营造和谐平静的氛围。

图1-28　石青色

6. 藏蓝色的传统审美意识

藏蓝是一种很深的蓝色，蓝中略透红色，见图1-29。藏族亲近自然，藏蓝色代表着湖泊和大海，浓郁的色彩神秘而深远。是我国藏民崇尚的色彩之一，反映了藏民的审美情趣。

图1-29　藏蓝色

7. 孔雀蓝的传统审美意识

孔雀蓝来自孔雀羽毛的色彩，也是传统瓷器的釉色之一，见图1-30。其色泽蓝中带紫，饱含独有的明艳与纯净，仿佛孔雀开屏般璀璨夺目。

色彩蕴含着与生俱来的高贵与优雅、华丽与灵秀，散发着与生俱来的神秘魅力。

图1-30　孔雀蓝

8. 湖蓝色的传统审美意识

湖蓝色是如湖水一般的蓝色，见图1-31。诗人赞颂："涓涓寒脉穿云过，湛湛清波映日红。"[①]美丽而静谧的湖光水色，让人感到放松与舒适，而有时清冷的色调又似令人置身于无边深邃的孤寂境地中。

图1-31　湖蓝色

9. 柔嫩蓝的传统审美意识

柔嫩蓝即缥色、淡蓝色，见图1-32。《说文解字》曰："缥者，帛青白色也。"淡雅宜人的颜色如远山，如云雾，如扬起的裙摆，其色感轻盈舒缓，惹人喜爱。

图1-32　柔嫩蓝

10. 天青色的传统审美意识

天青色又指天蓝色，是天气晴朗、万里无云时的天空的颜色，见图1-33。宋徽宗词："雨过天青云破处，者般颜色作将来。"[②]描写了雨过

---

① 赵晓源编．古典诗词诵读宝典：从历史走来的诗词曲谣联［M］．北京：中国青年出版社，2016：326．

① 薛俊华．诗话人间［M］．太原：北岳文艺出版社，2016：281．

天晴后的宜人色彩，漫步在蓝天之下，情不自禁地加快脚步，轻松愉悦地踏步向前。

图1-33 天青色

（四）褐色的传统审美意识

道家赞扬内在美，《老子》曰："知我者希，则我者贵，是以圣人被褐怀玉。"道家认为只要心存美德，即使出身贫寒，也能成为圣贤之人。"褐"在道家的观点中，被视为低调、实用、重视内涵的代表。褐色又称棕色，由红、黄、黑三色调和而成，低调朴实，在我国传统色彩中占有重要地位。褐旧指兽毛或粗布制的衣服，为古时地位低下甚至贫贱之人所着。成语"褐衣蔬食"即比喻困苦的生活。

1. 茶色的传统审美意识

茶，作为世界三大饮品之一，源起中国，带有浓厚的文化色彩，对我国乃至东亚各国影响深远。茶色即为茶叶之汤色，见图1-34。人们常说"茶禅一味"，茶在品，禅在参，风光霁月，洗涤其心，参透出一份开朗和清明。这份闲情逸趣，恰恰凝聚了东方文化的伟大智慧。

图1-34 茶色

2. 焦茶色的传统审美意识

焦茶色即黑茶茶汤的颜色，黑茶是六大茶类之一，属后发酵茶，其汤色暗褐，稍带橙黄，在众多茶色中属最深的一种，见图1-35。

图1-35 焦茶色

3. 赭石色的传统审美意识

赭石是我国传统矿物颜料中的一种，是氧化物类矿物刚玉族赤铁矿，其颜色呈暗红褐色。赭石色的色感沉实不张扬，在国画中常用以画山石、树干、老枝叶等，也是我国传统家具、饰品、衣饰的常见颜色，见图1-36。

图1-36 赭石色

4. 紫砂色的传统审美意识

紫砂陶器因中国茶文化的盛行而得到关注，精湛的茶艺配上一个雅逸的紫砂壶，陶器色泽温润古雅，不媚不俗，与文人气质十分相似，故受到历代文人雅士的喜爱。紫砂色是指用紫泥烧制的陶器的颜色，不添加任何釉色，可烧成不同色泽的紫色，见图1-37。

图1-37 紫砂色

5. 黄橡色的传统审美意识

黄橡色在原木家具中较常见，即使是不同的木材也可呈现与橡木相似的黄色。因木头自然的纹理与质感，黄橡色常常给人以朴实亲切的感觉。黄橡色是橡木的色彩，树心呈黄褐至红褐，木材颜色有南北之差，北方橡木较南方浅，在木色中偏白偏黄，见图1-38。

图1-38 黄橡色

6. 大麦色的传统审美意识

大麦是我国传统的农作物，多产于淮河以北地区。成熟的大麦呈深灰黄色，阳光明媚的天气里，风吹着金黄的麦浪，空气中弥漫着收获的味道，见图 1-39。

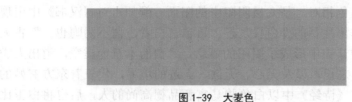

图 1-39　大麦色

（五）灰色的传统审美意识

当下的社会文化正向着多元化发展，灰色在现代中式家居中一改往日颓势，逐渐得到人们的认同与好感，素净低调的色彩散发出淡然悠远的独特韵味。

1. 水貂灰的传统审美意识

貂衣上身，可立于风雪之中而不惧严寒，那种萦绕不散的尊贵奢华感与巨大满足感，使水貂灰成为炫耀自身地位和身份的一种色彩。水貂灰以名贵动物 —— 水貂的皮毛颜色命名，其色调淡雅美观，毛绒细而且丰厚，是毛皮中珍贵的高级制裘原料。在古代，貂皮被作为贡品进贡朝廷，达官权贵才有机会拥有，见图 1-40。

图 1-40　水貂灰

2. 青灰色泽的传统审美意识

灰白带青的青灰色属于冷调灰色，常见于我国传统建筑。古朴典雅的青砖色彩饱含深刻的人文情怀，它立于天地之间，与自然和谐相生，热爱低调的个性毫不抢夺周遭的景色，唯在风中遗世独立，见图 1-41。

图 1-41　青灰色

（六）白色的传统审美意识

白色与黑色相对，是太极阴阳中的阳面，颜师古对《汉书》中出现的"白昼"作出注释："白昼，昼，日也言白者，谓不阴晦也。"古人在对日与夜的认识中形成了阴阳的概念。"白的本意为虚空，道出人类忘物、忘天、忘己，以及无心、无欲、无迹的境界，代表着东方玄妙的哲学精神。"《诗经》中以白色骏马寓意品德高尚的人，后也将白玉比喻君子。白色由"丧仪无饰"中的"无饰"表示素白，被引申至表达哀思，穿白服表示尽哀，白衣又代表投降的军服色。"白"在古汉语中具有"明亮"之意。白色是中国传统色彩中的正色，在五色观中占据重要的一席。白色属金，在方位上指代西方。七色光的混合归于白，被视为本真之色，具有朴素、纯洁、清丽、高尚等不同含义。由于白色的差别过于细微，显色度不够，下面将不再配图说明。

1. 练白色的传统审美意识

练白色又为素色，一般指蚕、丝、绸、桑等面料的本色，柔软洁白的面料使人感觉放松。有诗云"江白如练月如洗"，它的洁白淡雅并不惹眼，澄净如练的素色总能给人朴素文静的感觉。

2. 月白色的传统审美意识

月白色皎洁清丽，古代仕女爱穿月白色的衣裳，于中秋明月升起时，在月下翩翩起舞，在明亮光色的辉映下，衣裳也闪耀着美丽光华。月白色即月亮的颜色，《史记》记载："五帝各如其色，日赤，月白。"古人认为月亮非纯白色，而是带着一点清幽淡和的蓝色，犹如为月色蒙上一层美丽的面纱。

3. 象牙白的传统审美意识

象牙白指新鲜的大象牙齿的颜色，白中微带黄，低调内敛而饱满温润，泛着微微的暖意，是一种暖调的白色。在现代，象牙白因其色彩温馨舒适，常常用于家居背景，其低调百搭的个性可以衬托出各式家具饰品的款式和特色。

4. 铅白色的传统审美意识

铅白是一种较重的灰白至纯白色的粉末，属偏冷的白色。我国制作白色粉末的历史可追溯到大禹时期，白居易《长恨歌》："玉容寂寞泪阑干，梨花一枝春带雨。"写的就是白妆的杨贵妃，形容其面妆宛如洁白梨花。可见从古代起人们就追求肤色皎白，并不是现代才有的现象。

5. 白玉色的传统审美意识

白玉色乃中国传统玉石——羊脂白玉的色彩，呈现润泽明亮的脂白色，白中稍显半透明的嫩黄色，细腻纯净、温润似脂的玉器被视为君子士人方能佩戴之饰物，有着富贵、祥瑞、纯洁等美好寓意。

（七）黑色的传统审美意识

黑色与白色相对，同属太极阴阳中的两种重要色彩，其中黑色代表阴面，白色代表阴面，以阴阳双鱼囊括宇宙的阴阳动静、人生的福祸转换，蕴含我国重要的传统哲学思想。黑色也是墨色的表征，所谓"运墨而五色具"，既等于废除五色，又将其概括。黑色是传统文人画中的唯一主彩，代表文人画家的色彩观念，画家借浓淡干湿的墨色层次变化，在笔意间恣纵挥洒，感受虚怀若谷、淡泊澄澈的心境。上古时代独尊黑色，是我国崇拜时间最长的一种颜色，它神秘、幽远、冥惑、玄幻，承载着人类最原始的色彩感知。在中国古代的五色观中，秦始皇尊黑色为秦朝代表色，并尊崇北方为水德，举国上下均服黑色。至隋炀帝，黑色地位发生变化，被赋予了下等的贬义。在汉族的色彩观念中，黑为幽冥之色，故列黑色为丧色，此习俗一直延续至今。

1. 墨色的传统审美意识

《广雅·释器》解释道："墨，黑也。"但墨色并不是一种单一的颜色，所谓"墨分五彩"，墨色的焦、浓、重、淡、清之间在水墨画中可产生丰富的层次变化，具有独到的艺术效果。墨是中国古代书写和绘画用到的墨锭，是我国文房四宝之一。墨色受中国传统文化的影响带着婉约的芬芳，可营造出气韵生动、意境深邃的写意空间，见图1-42。

图1-42　墨色

2. 玄色的传统审美意识

远古时期，玄色为最尊贵的服饰色彩之一，将其常伴身上亦提示着人们，要时刻敬仰天地。玄色是黑中泛微红的颜色，玄色起源于玄冥，带有神秘的感觉，象征宇宙的神秘莫测，见图1-43。

图1-43 玄色

3. 黧色的传统审美意识

我国东北地区的黑钙土正是这种黑中带黄的颜色，油亮沃腴的黑土地，是大自然给予人类的财富，人们总用"一两土二两油"来形容它的肥沃与珍贵。那里曾是满族的发源地、蒙古族的牧场、鄂伦春族纵马驰骋的狩猎场，养育了一方人在此繁衍生息。深沉的黧色倾注了先民对土地的心血和热爱，迸发着土地丰收、仓廪充实的幸福与激情。黧色又叫黧黑色，《广韵》曰："黧，黑而黄也。"见图1-44。

图1-44 黧色

4. 乌黑色的传统审美意识

乌黑色指乌鸦羽毛的颜色，黑色的羽毛具有紫蓝色的金属光泽，故乌黑色属于冷调的黑色。乌纱帽为古代官吏佩戴的一种乌黑色帽子。明代诗云："乌纱帽，满京城日日抢。"[①]可见乌黑色也成为身份显赫的又一象征色彩，见图1-45。

图1-45 乌黑色

---

① 王澧华编．中国古代文学（上册）[M]．北京：商务印书馆，2007：581．

第二节 传统服饰的色彩文化

　　传统服饰的色彩体现着传统的文化审美思维与人们的色彩审美意趣，传统服饰的色彩和传统文化具有千丝万缕的关系。本节将深入探析传统服饰色彩的名称文化、古典文学中的色彩文化与传统服饰色彩的文化性格。

一、传统服饰色彩的名称文化

　　在色彩命名上，古人为了区别不同色彩在人们心理感觉上的不同，也使用了相应的名称来进行描述，使色彩命名更为丰富生动。例如，"皎""皑""皙""皤""皑"尽管同属于白色，但因其表面质感、光泽、冷暖、强烈程度不同，给人们的感觉也不尽相同。月亮的白为"皎"，太阳的白为"皑"，人皮肤的白为"皙"，老人发色的白为"皤"，积雪的白色为"皑"。《说文解字》对色彩的解释与当时的面料色彩也有着一定的联系。如用青黄色布料说明绿色，青红色面料为紫色，深青色中有些许红色的面料则为绀色等。这些都是通过面料来帮助人们理解不同色彩的名称及其意义，可见彩色面料在当时的普及性。

　　比较历史文献中的服装色彩可知，我国古代服装色彩来自对大自然的认识和联想，许多色彩词的命名实际上是对自然界生态色彩的直接模拟，是联系彩色事物的本身属性而命名的。对于同一色系中的不同颜色，人们习惯以自然界中的不同物件来为其命名。清代李斗《扬州画舫录》中记载的当时服装面料色彩："红有淮安红、桃红、银红、绯红、粉红、肉红；紫有大紫、玫瑰紫、茄花紫；白有漂白、月白；黄有嫩黄、杏黄、丹黄、鹅黄；青有红青、鸦青、金青、元青、合青、虾青、污阳青、佛头青、太师青；绿有官绿、葡萄绿、苹果绿、葱根绿、鹦哥绿；蓝有潮蓝、睢蓝、翠蓝、雀头三蓝……"从中可见、古人对色彩的命名往往来源于其对自然事物色相的联想以及扩展，在表述某一具体色彩的同时，习惯于通过具有该色彩的事物来界定。

二、古典文学中的服饰色彩

从古典文献与文学作品中可以看到众多关于传统服饰色彩的记录和描述，以感受不同时期中华民族的色彩文化。

（一）古典文献中的服饰色彩

《虞书·益稷》中记载古人在举行祭祀礼仪时穿图腾衣，各联盟首领在衣物上施以五彩之色，即将十二章花纹用画与绣的方法施于冕服上。可见当时的服饰色彩以及图案应用已经具备一定的水平。而随着印染技术的提高，古人服装上的色彩不断增多。秦汉时期关于上衣下裳配色的记载有"朱衣素裳，绀（紫）衣皂（黑）裳，青衣缥（浅青）裳，玄（深黑）衣（浅红）裳"[①]，这是我国古代关于服装配色的最早记载。

（二）古典文学中的服饰色彩

在古典文学作品中，关于传统民族服饰色彩的描述则有着更为丰富的表现。《红楼梦》中关于服饰色彩的描述，以动物颜色命名的有"紫貂""灰鼠""银鼠""大红猩猩""蜜合色""鸭绿鹅黄""大毛黑灰鼠里子"等；以植物花卉联想命名的有"靛青""荔色哆罗呢""藕荷纱衫""松花绿""桃红""葱黄""莲青""玫瑰紫""杏子红""海棠红""柳绿""石榴红""梅红"等；以其他自然事物命名的有"石青""秋香""银红""油绿裤子""月白""玉色"等；以传统习俗的意境联想的色彩称谓有"杨妃色""靠色""鬼脸青""绛王朱""佛青"等。其对服装色彩生动形象的命名有数十种，且能根据人物的不同地位、性格及所处环境，赋予服饰色彩以独特鲜明的情感与个性。作者通过对人物与场景色彩生动、抒情的刻画，展现出整体统一的审美形态，以引起人们对其内涵的共鸣。书中对王熙凤服饰的描写："身上穿着镂金百蝶穿花大红洋缎窄褃袄，外罩五彩刻丝石青银鼠褂，下着翡翠撒花洋绉裙。"红绿本身就存在着对比关系，而大红与翡翠绿的色彩明度、饱和度都很强，两者的搭配使用就更能突显出王熙凤傲视群芳的容貌气度和与众不同的身份地位。

---

① 卞向阳，崔荣荣，张竞琼，等编. 从古到今的中国服饰文明 [M]. 上海：东华大学出版社，2018：467.

三、传统服饰色彩的文化性格

我国民族的性格特征和精神气质能够从其服饰的色彩风格中得到有效传达。出于对自然色的无限崇拜，不同地域的服饰色彩与环境之间有着紧密的联系和呼应，显示出和谐统一的东方色调。由于我国民俗文化中对于吉祥如意的热烈追求，因而传统服饰文化中非常注重色彩的象征意义。在节庆活动期间，人们的服装及场景布置上，用色艳丽明快、热情大方，形成了独特的色彩风格。

（一）传统民间的"尚红"情结

中华民族是一个崇尚红色的民族。中华民族传统的"尚红"心理在社会生活和民俗习惯中是普遍而深刻存在的，它已经成为中华民族的文化表意符号。中华民族所崇尚的红色总体来说是吉祥喜庆的象征，而应用在不同场合则被赋予了更为丰富多彩的民俗含义。如在民族传统服饰中，山西晋中地区的女性裙装大多色彩比较鲜艳，红色占了大多数；江南水乡服色中，红色常作为对比装饰色彩，有玫红、大红、粉红、桃红等，丰富的色彩带来了视觉审美的变化；齐鲁地区的民间服饰更是以各种红色为主要表现色彩，并逐渐形成个性的区域色彩风格。

1. "红"的辟邪求福

在五行中，红色代表的是火，具有温暖光明的意思，因此在民俗心理中，红色具有驱邪和祈佑的特质。红色在中华民族传统民俗文化中具有辟邪求福的符号意义。例如大年三十，若及本命年，便早早地穿上红色内衣，系上红色腰带，或者选用红丝绳系挂随身佩带的饰物，来迎接自己的本命年，以驱邪、求好运。在民间生孩子要送红鸡蛋，并为新生儿穿上红肚兜，认为这样才能趋吉避凶，消灾免祸，庇佑孩子幼小的生命，祈求平安。

2. "红"的吉祥喜庆

红色在中华民族的民俗文化发展历史中逐渐由辟邪发展为吉祥喜庆的含义。在中华民族的传统心理与思维中，人们很容易将红色与吉祥、喜庆、顺利、平安等众多美好的祝愿联系起来。民间红色的吉祥寓意还表现在婚嫁姻缘上，以表达喜结良缘、幸福美满的民俗含义。古人相信天下姻缘皆由月下老人掌控，只要月老用一根象征姻缘的红绳将男女双方拴在一起，姻缘便结下了，人们也称促成姻缘的媒人为"红娘"。在传统婚俗上，新娘总会穿上一身鲜艳的红色婚礼服，头戴凤冠，身披霞帔，再盖上红盖头，坐上红花轿，新郎也得穿上红色长袍，身上挂着大红绸花绣球，门窗贴满大红"喜"字，家置红被子、红家具等。这满堂红的婚礼现场不仅烘托了婚礼的喜庆氛围，也预祝新人将来的生活能够红红火火、吉祥如意。

3. "红"的正义英勇

红色也是我国传统民俗中忠勇与正义的象征。在传统戏曲中，"红脸"角色是指勾画红色脸谱的人物，常常在故事中充当友善或令人喜爱的角色，或者在解决矛盾冲突的过程中代表正面或正义的人物。俗话"唱红脸"是从戏曲文化中引用而来的，形容明理正义的中间人有效化解矛盾的过程，而"唱红脸"的人大多品行端正、性格温和且能言善辩，能够把矛盾引向好的方向发展。红色脸谱用来表现忠勇耿直、有血性的勇烈人物，如人们常说的"红脸的关公"—— 关羽，一身正气，常为民除害。于是在舞台戏曲中，人们把脸面涂红来表示关公，以表达对他的喜爱。

4. "红"的美丽贤良

红色在中华民族看来也代表着美丽、华丽、艳丽，如妇女的盛装称为"红妆"，女性妆容称为"施红晕朱"，称有内涵的美丽女性为"红颜知己"等，这些都是以红色象征美丽的表现。

（二）含蓄典雅的蓝青基调

由于古代染色技艺的限制，面料色谱中的绿、蓝、黑三色是接近色，其间过渡色的归属界限很难精确划分，这种模糊性反映在汉语中，就产生了"青"这种表义多样化的色彩词。蓝青色调在传统民间服饰中的应用极为普遍，明度和纯度不同的蓝色和青色系列是民间女子典型的传统服饰色彩。蓝青色是中国传统色彩文化的重要组成部分，这与《说文解字》中记述青色代表东方色彩是一致的："青，东方色也。"如齐鲁地区的民间服饰中，上衣大多是以青色、蓝色等冷色和以中性绿色为主的蓝绿色调；而江南水乡服饰的主色调是以青、蓝、黑为主体的冷色体系。

以江南地区为例，蓝青色调的服饰色彩搭配与江南水乡的自然环境有着高度的和谐，"蓝青花绿相映的大襟拼接衫、宽舒细致的作裙及穿腰束腰"①配青莲包头藕花兜,用红绿绣花的配饰点缀,与江南水乡的蓝天、青山、绿水及水乡建筑白墙、青砖、黑瓦浑然天成。江南女子所穿的翠蓝绸袄、蓝绸夹裤,以及民国时期江南水乡地区流行的新娘婚后常服——以土布缝制的淡蓝色或青蓝色袄,还有江南水乡地区妇女所着被称为"小褂"的常服——衫,这些通常都是蓝色或青色,颜色纯正,色调普遍偏深。

(三)神秘潇洒的黑白搭配

纵观我国古代,黑白色首先被视为大小礼服色,服务于统治阶级,时而作为流行色,时而为禁用色,时而被赋予特殊含义,有时亦可自由选择。中国古代,黑白两色作为"正色"而在社会生活中占有一席之地。黑白在传统配色观中占有相当重要的地位,并深深地影响到后人。人们以穿着黑白为美,并善于利用黑白色与彩色系进行调和、对比,使衣着更显得体与美观。

1. 日常服饰的黑白色

古人称黑色为元色、缁色或皂色,也称一种偏红的黑色为玄色。白色一尘不染的固有品质,使人们常常将其与纯洁、神圣、光明、洁净、空虚、飘渺等联系起来。我国古代文人就常以素衣来寄寓自己清高的理想。黑白色在服装上的应用更是普遍。据《吕氏春秋》记载,夏代尚黑,商代尚白。周朝男性的主要礼服是黑色或白色上衣,贵族常服色为白色,天子、庶民平常喜好的服色是白、青、缁、玄四色,奴隶服色为黑色。春秋战国时,赵国的卫士皆服黑色。秦崇尚黑色,规定黑色最为高贵,庶民普遍着白衣。

西汉时,男性大礼服及朝服仍以黑色为最多,汉礼服中最尊贵的祭服是玄衣。魏晋及南北朝时期,由于胡人入主中原和佛教传入,色彩上力求摆脱传统,反抗礼法,主张浪漫、唯美的生活哲学,讲究飘逸潇洒,以至于白色在服装上盛极一时。唐初也流行白色服装,于安史之乱以后,用于上层服装的黑色才开始进入民间,与白色一同为社会各阶层所用,两者互相影响并形成具有时代感的唐代服色文化。北宋以士大夫为主流的男子常服色为皂色或白色,平民只许着黑白二色。南宋时,白色地位下降,民间使用时有所忌讳,而黑色则又开始流行,并被规定为士大夫的礼服色。至明清时期,黑白服色从上层至民间都已相当普及。

---

① 崔荣荣编. 汉民族民间服饰 [M]. 上海:东华大学出版社,2014:164.

2. 丧葬服饰的黑白色

（1）黑色与丧葬服饰

在上古社会，丧事、兵事、祭祀为部族的重大事件，在这些神圣的场合是一定要用本部族最崇尚的色彩的。奴隶社会初期，夏朝人以黑色为贵，丧事多在昏黑的夜晚进行，征战乘用黑色的战马，祭献用黑色的牺牲品等。春秋时期，晋国也有以黑色作为丧服的习俗。

（2）白色与丧葬服饰

在传统民俗文化中，黑白两色的特殊用途，特别是白色的象征符号意义表现在其与丧葬礼俗的关系中。纵观华夏民俗历史，相对于黑色，白色在丧葬礼俗中具有更为充分的表现和更为广泛的应用。传统丧服的"尚白"现象深深根植于民族的传统文化态度和心理意识之中的。从"五行色"理论看来，白色枯竭、无生气，象征着死亡。联系"五方"理论看来，西方为白虎，属于刑天杀神，主肃杀之秋，因此古人常在秋季征伐不义、处死犯人，以顺应天时。因此，白色有了丧俗禁忌之说，"丧事"常被委婉地称为"白事"，在服丧期间，孝子需穿白色孝服，主家还要设白色灵堂，吃"白饭"，出殡时打白幡、洒白钱等。可见白色在民间丧葬礼俗中的广泛应用。

从周代开始，我国丧服开始使用"素服"（素衣、素裳、素冠等），多为白色，并有五服制度，即按服丧重轻、做工粗细、周期长短，分为五等：斩衰、齐衰、大功、小功、缌麻。在当时，丧礼中不仅要求丧服是白色，而且不能穿黑色的衣服，也不能戴黑色的帽子。五服制度至今已不多见，但丧服颜色以白色为主已成定制。古代君王多赐予罪臣"白绫"以自裁，如"三尺白绫"。又如《窦娥冤》中以"血溅白练""六月飞雪"等与白色相关的意象来铺垫和烘托窦娥被无辜迫害的凄凉氛围，以表达对其冤情的不平及悲惨命运的同情。

3. 服饰搭配的黑白色

我国古代祭祀中最常用的玄衣，也作为卿大夫的命服，就是一种黑多白少的搭配，这种配色显得庄重沉稳，适合出席祭祀等正式场合。古人常穿的黑缘白袍则白多黑少，具有清新洒脱的书卷气息，为众多文人墨客所青睐。《考工记》作为我国最早的一部工艺设计名著，记载了我国古代的配色观，其中有相当一部分与黑白色相关。作为无彩色系中的两极色，黑白两色充当搭配色或者调和色具有极大的优势，它们不仅可以用来协调对比色，还能与有彩色进行合理搭配，进而产生无穷的韵味与艺术魅力。例如，利用色相、彩度、明度等对比原理匹配的色彩有红配白、白配黑、青配黑；汉代女性礼服为皂色配纯色，如汉马王堆出土的白襦配红裙；宋代是青衣皂缘，明代是蓝袍黑缘。贵族婚礼中，女性礼服曾偏好红配黑，而青配黑为标准配色，还有传统色彩观中最受文人雅士青睐、以淡雅著称的白配青等。可见黑白色被普遍应用于古代服饰的色彩搭配中。

上述内容深入探究了中国传统的五色观、儒家色彩审美观、道家色彩审美观和佛教色彩审美观，可见中国传统的色彩观是一种完全不同于西方近代所形成的色彩学说的体系，中国传统色彩观包含了中国人特有的宇宙观与哲学思想，是独具特色的东方色彩文化。色彩一直在我国传统服饰中扮演着重要的角色，色彩之下蕴藏的是社会与时代的文化内核，在传统文化的影响下，我国人民具有"尚红"情节，追求典雅的蓝青搭配和简洁的黑白搭配。由此可见，中国传统的色彩观与服饰色彩文化具有密不可分的关系。

第二章 中国传统服饰色彩的重要来源——植物染

植物染色，也称"天然染色""草木染"，是利用草本植物提取染料，对纺织物进行染色的一种方法。人类认识染料，是从矿物质开始的，早在六七千年前的新石器时代，我们的祖先就能够用赤铁矿粉末将麻布染成红色。人们逐渐发现，植物也可以做染料，而且颜色和牢度更好，于是植物染料逐渐代替了矿物染料，成为中国传统服饰色彩的重要来源。植物染的染色理论基础正是源自中国传统的色彩体系。在我国传统的色彩文化中，"五色"是色彩的本原之色，是一切色彩的基本元素。植物染正是以五色为基础，相互混合后得到间色，最终汇成丰富多彩的传统色谱。本章将从植物染的历史变迁及现状发展开始，展开对植物染的探究之旅。

第一节 中国植物染的历史变迁

植物染料及其染色工艺的发展史就是一部人类文明进化的历史。在一万五千多年前，北京周口店人用于涂绘居住山洞的颜料以及人类用于涂饰各种佩戴在身上的装饰品、原始部落文面文身的颜料都是矿物颜料，后来人类懂得将蚕丝、树皮、羊毛捻成线、织成布后，又将涂于身体、饰物上的颜料研磨成粉状，涂染在织物上，从此便开始了纺织品着色的历史。湖南长沙马王堆汉墓中就发现有用朱砂染色的织物。矿物颜料不易制备，因此植物染料一直盛行。

一、商周时期

我国虽然很早就出现了以蚕丝制衣的记载，染色的记载却出现得比较晚。到周朝以后才有较明朗与丰富的染色文献记载，在政府机构中，也出现了专司染色的机构。在西周时代，周公旦摄政时期，政府机构中设有天官、地官、春官、夏官、秋官、冬官六官。在天官下，设有"染人"的职务，专门负责染色的工作；在地官下，设有专管染色材料的收集工作的官员。如在《周礼》上记载着管理征敛植物染料的"掌染草"和负责染丝、染帛的"染人"等的官职。

关于染色的文字记录，《诗经》中的一首诗《国风·豳风·七月》"七月鸣鵙，八月载绩。载玄载黄。我朱孔阳，为公子裳"很清楚地道出当时就已经出现了黑色、黄色、朱色的染色技巧。另外，在青铜器"颂壶"中，也有一段记载着周王赏赐的文字："……赤市朱黄"，《周礼》中亦有出现"绿衣素纱""衮衣赤舄"的描述。商周时期，染色技术不断提高。宫廷手工作坊中设有专职的官吏"染人""掌染草"，管理染色生产，染出的颜色不断增加。

在周朝，黑色、赭色、青色是一般百姓或劳动者所穿着衣服的色彩，一方面，这些色彩在活动中较不容易显出脏的感觉；另一方面，这些色相的染料大都色牢度较高，且染色过程不困难，素材取得也较容易。相对而言，贵族的衣着色彩则丰富多了。其中，以朱砂染成的朱红色为最高贵与受欢迎的，因为朱砂的取得较不容易，因此价格也较贵。也因为朱砂的稀少，只有特殊的阶层才负担得起染色费用，因此颜色具有阶级的标示作用。其他较明亮的色彩、较容易弄脏的色彩，如黄色也是贵族喜欢使用的服装色彩之一。

《周礼·夏官》记载了当时掌管天子的衮冕、紫冕、稳冕、希冕、玄冕五冕，冕就是帽子。帽子的颜色都是"玄冕朱里"，外表是玄色，里子是朱色。并且使用五彩的蝶，诸侯则是使用三彩巢。帽子以"玉笋朱统"系住，"统"是系帽子的带子的意思，"朱统"就是红色的帽带。可见朱色是天子专用的色彩。

商周时期，使用的染草主要有蓝草、茜草、紫草、意草、皂斗等。

二、春秋战国时期

春秋战国时期，蓝草的种植和使用更加普及。《荀子·劝学》记载："青，取之于蓝，而青于蓝。"这是蓝草染色过程的真实写照，说明当时社会已熟练掌握还原染技术。标志着还原染技术掌握的稳定性，以后此句成为生活的哲理，激励着人们代代前行，成为不朽的名句。

《尔雅·释器》曰："一染谓之源，再染谓之桢，三染谓之露。"源为黄赤色，鼓为浅赤色，颈为绛色。这是对红色系多次浸染的记录，说明用多次浸染法染的色泽已比较稳定，染色管理已相当细致，染料的提纯和染色的操作已趋向规范化。标志着植物染从直接浸染发展到多次浸染，并已经掌握了多次浸染的规律，使其规范化。

《墨子·所染》载："染于苍则苍，染于黄则黄。所入者变，其色亦变，五入必，而已必为五矣。"苍，深蓝色。蓝草，采用多次浸染方法。说明已有染蓝、染黄的染材，染液提纯已达较高水平，想染黄则黄，想染苍则苍，已胸有成竹，并掌握浸染次数与染色的关系，对染色有一定的借鉴与参考作用。

《礼记·玉藻第十三》记载："玄冠朱组缨，天子之冠也……玄冠丹组缨，诸侯之齐冠三。"由此可知，天子的帽子与诸侯帽子的色彩是不同的，一个帽带是朱红色的，另一个是丹红色的，而且染色的方法也不一样。

《孙子兵法》载："色不过五，五色之变，不可胜观。"进一步说明了五色的作用，五色之变，可得自然界的所有色彩。五色是核心色，是正色。中国的五色观念源于植物染的实践，是科学的、合理的、实用的。中国的五色观念比西方提出来的七色论、三色论、四色论、六色论至少早3000多年，而且更为合理、实用、科学。其体现的不仅是色彩，更是中国文化、中国审美、中国科技、中国哲学。

从出土文物看，1982年1月湖北江陵马山一号墓出土的战国时期珍贵的丝织品实物，不仅图案纹样精细耐看，且色彩丰富、艳丽，主要有朱红、紫红、绛红、黄、浅黄、金黄、浅绿、深棕、浅棕、浅褐、褐、黑等色。从这些色彩中可以看出浸染、套染、媒染的染色技术水平都已达到一定的高度。

三、秦汉时期

秦朝所使用的染料，大致上可以分成矿物性染料、植物性染料两种。矿物性的染料有赭石、石绿、石青、石黄、雌黄、雄黄等；植物性的染料有蔓蓝、马蓝、茜草、紫草、鼠尾草。蔓蓝、马蓝是染蓝色，茜草是染红色，紫草染紫色，鼠尾草染灰色与黑色。

秦朝的染色情况，也可以从新疆出土的文物中发现。如1985年新疆且末扎洪鲁克古墓出土的毛织品，仍然保有杏黄、石蓝、深棕、绛紫等色彩。

汉代的色彩可以从出土的织锦中得知，当时的色彩使用更是丰富，《急就篇》中就出现缥、绿、皂、紫、绀、弩、红、青、素等色彩词。加上长沙马王堆所出土的文物中，有二十余种色彩的衣物。除此之外，还有金、银等金属丝线。西汉时，斋戒中，出现玄衣、绛缘领袖、绛裤等服饰。在《后汉书》中的《舆服志》里，载有"通天冠，其服为深衣制。随五时色……"五时色即为春天穿青色，夏天穿朱色，秋天穿白色，冬天穿黑色。在战服上，《后汉书·窦审传》中有"玄甲耀日，朱旗绛天"的形容。玄甲即是用铁制作的盔甲，是铁黑色的；朱旗就是朱红色的旗帜，映得满天通红。有如此的服饰、旗帜之色彩，当然也表示出汉代染色技术达到了相当高的水平。湖南长沙马王堆、新疆民丰等汉墓出土的五光十色的丝织品，虽然在地下埋藏了两千多年，但色彩依旧鲜艳。当时染色法主要有两种：一是织后染，如绢、罗纱、文绮等；二是先染纱线，再织，如锦。

1959 年新疆民丰东汉墓出土的"延年益寿大宜子孙""万事如意""阳"字锦等，所用的丝线颜色有绛、白、黄、褐、宝蓝、淡蓝、油绿、绛紫、浅橙、浅驼等，充分反映了当时染色、配色技术的高超。

汉代染匠为染出上述甚至更多的稀、奇、古、怪、偏的颜色，所用的染具可从文献记载和出土文物中窥知一二。在《秦汉金文录》卷四中，记载有"平安侯家染炉"全形拓片，该染炉上的铭文是"平安侯家染炉第十，重六斤三两"。在《陶斋吉金录》卷六中，记载有"史侯家铜染杯"铭文拓片，其上铭文是"史侯家染杯第四，重一斤十四两"。史树青先生认为此染炉、染杯系染色之用的染具。这两件染具，器形均不大。平安侯家染炉高才 13.2 cm，长才 17.6 cm[①]；史侯家染杯合今 500 g 左右，显然不能用于染大量的布帛，只能染一些小把丝束或线束。因此这些小型染具的作用，一是用于染大量布帛前的试染，二是染一些供刺绣、织成之用的少量特殊颜色的绣线。1954 年广西贵县（今贵港市）东湖汉墓出土了一个五俑三眼红陶灶，其灶上有三眼，分置釜、双耳锅和瓶各一件，二俑在旁操作。一俑呈正从中间锅内捞出染布状；一俑呈正往釜里投放物体状。陶灶左右两侧下方则各有一缸一俑，两俑皆呈双手向缸内舀水状。专家认为这是一个染坊的明器。

四、魏晋南北朝时期

南北朝时期的《齐民要术》中有关植物染的记载很多，特别是关于蓝草制靛的过程与方法，第一次有了详尽的文字记载。《齐民要术·种

---

① 赵翰生，王越平. 五彩彰施 —— 中国古代植物染色文献专题研究 [M]. 北京：化学工业出版社，2020：6.

蓝第五十三》："刈蓝，倒竖于坑中，下水，以木石镇压令没。热时一宿，冷时再宿，漉去菱，内汁于瓮中。率十石瓮，着石灰一斗五升，急手押之，一食顷止。澄清，泻去水；别作小坑，贮蓝淀着坑中。候如强粥，还出瓮中，蓝淀成矣。"《齐民要术》是世界上较早的记录造靛技术的文献之一，标志着制靛技术的娴熟，有一定的参考和研究价值。

"种蓝十亩，敌谷田一顷。能自染青者，其利又倍矣。"说明种蓝的经济效应，种十亩的蓝，抵得上种一百亩的谷田。能够自己染青的，利益还要加倍。

"崔曰：'榆荚落时，可种蓝。五月，可别蓝。六月，可种冬蓝。''冬蓝，木蓝也，八月用染也。'"说的是蓝草的种植时间和移栽时间，以及染色时间。榆荚落下时，可以种蓝。五月，可以移栽蓝。六月，可以种冬蓝。冬蓝，就是大蓝，八月里用来染色。说明种蓝和蓝染的季节。有一定参考价值。

《齐民要术·种棠第四十七》："棠熟时，收种之。否则，春月移栽。八月初，天晴时，摘叶薄布，晒令干，可以染绛。必候天晴时，少摘叶，干之；复更摘。慎勿顿收；若遇阴雨则渴，洒不堪染绛也。成树之后，岁收绢一匹。亦可多种，利乃胜桑也。"意思是：棠果成熟时，收来种下。否则，就在春天移栽。八月初，天晴的时候，摘取叶子，薄薄地摊开，晒干，可以染大红色。等天晴的时候，少量地摘一些，晒干；再摘一些，再晒干。千万不可一下子大量采摘，因为如果遇上阴雨天，叶子就会郁坏，郁坏了便染不成大红色了。树长大之后，每年所收叶子的利益，相当于一匹绢。也可以多种，利益胜过桑树。可以看出，在长期的植物染实践中，人们对种棠、采摘、染色等都积累了一定的经验与知识。

《齐民要术·种紫草第五十四》详细记载了紫草的种植、收割、晾晒、存放等。"宜黄白软良之地，青沙地亦善；开荒黍稼下大佳。性不耐水，必须高田……垅底用锄，则伤紫草。"大意是：紫草宜种在黄白色松软的好地上，种在青色砂壤土上也好；而新开荒种过一熟黍稼的地，接种紫草最好。性质不耐水，必须种在高地上。沟底的杂草用手拔掉。沟底如果用锄头，会伤到紫草的根。可见，当时已经对种紫草有了一定的经验与认识。

从出土文物看，1959年新疆吐鲁番阿斯塔纳古墓中出土了大量的纺织品，锦上有瑞兽纹、树纹、狮纹、鸟兽树木纹、忍冬菱花纹、几何纹、条带联珠纹、方格兽纹等。绮有龟背纹、对鸟对兽纹等。其色彩丰富，主要有大红、绛红、粉红、褐红、黄、浅黄、土黄、金黄、绿、叶绿、蓝、宝蓝、翠蓝、淡蓝、紫、浅栗、白、黑等色彩。

五、隋唐时期

植物染在隋唐时期发展到了较高的水平。

《唐六典》载："凡染大抵以草木而成，有以花叶、有以茎实、有以根皮，出有方土，采以时月。"说明植物染已经成为隋唐染色的主要方法和技术，远比其他天然染料应用得更为广泛。

根据《唐六典》的记载，唐代的染色工坊有六处，分别专门染青、绛、黄、白、皂、紫。由此可看出唐代的染色工坊已经达到了相当的规模。

在实际证物方面，从新疆吐鲁番古墓出土的许多织物中可以发现，隋唐时期已经出现印染的染色技巧，色彩也有 20 多种。红色有绛红、绛紫、银红、水红、猩红；黄色有鹅黄、菊黄、杏黄、金黄、土黄、茶褐；蓝色有青、蛋青、天青、赤青、藏青、翠蓝、宝蓝；绿色有湖绿、豆绿、叶绿、果绿、墨绿等。新疆吐鲁番阿斯塔纳出土的唐锦有 30 多种，唐代典型纹样有联珠纹、"陵阳公样"纹、团花纹等，不仅纹样精美，而且色彩鲜艳，所用的染料大致上是以植物性染料为主。可见当时的植物染已成规模性发展。

六、宋元时期

（一）宋朝

到宋朝时期，我国的印染技术已经比较全面，色谱也较齐备。明代人方以智的《通雅》记载，宋仁宗时，京师染紫十分讲究，先染青蓝色，再以紫草或红花套染，得到"油紫"，即深藕荷色，非常漂亮。金代时染成的紫色则更为艳丽。

宋朝时期还发展了灰缬染花技术。古汉语里，"缬"专指丝织品上印染的图案花样，蓝夹缬则是印染四缬的技艺之一，主要利用雕版在绸锦上夹染出预定的效果。宋代缬类织物主要是夹缬，依其使用情况，夹缬染花有两个阶段：

第一阶段，北宋时期，明令禁止民间使用染缬，而是以之作为军用、官用之品。

第二阶段，南宋时期，逐渐开始解禁，夹缬染色便在民间流传开来。而蜡缬染花在宋代中原地区使用较少，多流行于西南少数民族。

（二）元代

元代印染技术取得了较大成就，一是色谱的扩展，二是媒染法更为丰富。这在元末陶宗仪的《辍耕录》和明初刘基的《多能鄙事》中能看出。《多能鄙视》中记载，"以帛十两为率，用苏木、明矾分两与前同熬，染皆同至，下了头汁时扭起，将汁煨热，下绿矾，勿多，当旋转，看色深浅，添加太多则黑，少则红，合中乃佳"，此处染枣褐色便用到了后媒染法。

七、明清时期

（一）明代

明代染色技术已达较高水平，其色谱较宽。明代植物性染料在栽培、采集和加工上都积累了丰富经验。如红花，汉代便已种植，南北朝便已推广，明代红花加工技术有了很大的进步，尤其是处理红原料前，采用了"青蒿覆一宿"的处理法。明代已掌握了红花染色织物的脱色技术。明代染色工艺较多，且往往较为简便，仅《天工开物》卷三所云，便有复染、酸性染（如红花染色等）、碱性染（黄柴染色等）、还原染（如蓝靛染色等），以及媒染剂染色。

明代的染色牢度也明显提高，在考古发掘和传世品中见到许多纺织品，至今依然艳色不减、色泽宜人。元代使用的拼色、套色技术，明代亦使用较多，并增加了一批新的媒染染料。明代更注意到了水质对织物染色质量的影响。水质对染帛质量存在影响，已是时人常识。

明《天水冰山录》中关于纺织品的色彩记录有以下几种。

红色系：红、大红、水红、桃红、暗红、银红、西洋红、红闪色。

黄色系：黄、柳黄、黄闪色。

青色系：青、蓝、蓝闪色、蓝闪绿、蓝闪红。

绿色系：绿、柳绿、墨绿、油绿、沙绿、官绿、绿闪色、绿闪黄。

紫色系：紫、紫闪色、茄花色。

褐色系：茶褐色、西洋铁色。

黑色系：黑、黑绿、黑青。

白色系：白、芦花色、西洋白、玉色、葱白。

其他：沉香色、藕色、银色、栗色、鼠色、酱色、杂色。

以上不难看出植物染色彩的丰富与规模化生产，而且织物组织多样，有缎、绢、绫、罗、纱、绸、绒、锦、葛等品种。规模化生产，在周代设有"染人"——管理染色的职官；在秦代设有"染色司"；在汉至隋各代都设有"司染署"；在唐宋设有"染院"；在明清设有"染所"等。

（二）清代

清代早、中期沿用前代的染料工艺，因其技术精良、色谱较宽、个别工艺上亦有创新，故染色效果还是不错的。据李斗《扬州画舫录》卷一载"扬州染色，以小东门载家为最"，能染四十余种颜色。清代的《雪宦绣谱》中已出现各类色彩名称共计 704 种[①]。清代蓝印花布制作极为普遍，遍及全国各地。

清朝还设立了江南织造局，专门为皇家贵族织染衣物。江南织造局下管江宁局、苏州局、杭州局三个主要的编织染色机构。染料的开发也随着织造业的发达而有所发展。

第二节　植物染的现状与发展

历史上，植物染料是天然染料中应用历史最悠久、应用面最广的染料。但是 20 世纪合成染料的出现，基本替代了天然植物染料，成为纺织品染色的主要染料。只有部分地区将植物染与传统染色工艺如扎染、蜡染相结合，生产特色鲜明的传统产品。在合成染料的应用过程中，人们逐渐认识到，合成染料的中间体多为有毒物质，某些染料的中间体还属于致癌物质，随着染料产量和用量的增加，在生产及使用过程中产生的污染也日益严重。印染厂染色废水的排放严重污染了江河，使清澈的河水变得乌黑，江河中很多生物因污染致死，鱼虾等大量减产，人类的饮用水水源遭到严重污染，癌症发病率也在升高。

进入 21 世纪以来，环境的破坏、自然灾害的频繁出现、人类疾病的肆意横行，都让人们怀念起植物染料独特的色彩、安全环保的优势，甚至保健的功效。因此，对传统植物染加以保护与传承，又重新被提上日程。

---

① 朱莉娜.草木纯贞：植物染料染色设计工艺［M］.北京：中国社会科学出版社，2018：18.

一、植物染在国际上的发展现状

国际上对天然染料的研究主要集中在亚洲和欧洲，尤其是韩国、日本等国家。目前，关于天然染料的研究已经成为发展中国家技术合作计划的一部分，即联合国发展方案（UNDP）。在欧洲，因为部分合成染料中含有致癌物质，可替代合成染料的天然染料的开发已经在政府的支持下积极展开。一些国家正在积极开发天然染料资源及其对棉、丝绸、羊毛和锦纶等纤维的染色技术，并相继推出天然染料染色纺织品。

日本设立了专门的植物染料研究机构，进行传统植物染料品种和新品种的开发利用及基础研究，在提高色牢度方面取得了成果。此外，在互联网上有许多关于草木染的网站，专门介绍植物染料及染色方法，日本的"西阵织""大岛绸"等名牌纺织品均采用天然植物染料染色，天然染料染色纺织包括衬衫、睡衣、丝巾、床单、被罩等产品。印度研究人员在天然染料研究领域也做了大量工作，如采用杨树皮、凤仙花、杏树叶、茶叶、紫草、番茄红素和金盏草等对织物进行染色研究，开发出红棕色、黑色、紫罗兰色和蓝色天然染料染色织物。韩国也有部分研究人员在从事天然染料的研制与开发工作，目前，天然染料不但在天然纤维中得到应用，还向聚酯、聚酰胺等合成纤维拓展，韩国一家中小企业和大学研究人员共同开发出了一种"生物天然染料"的生产技术，对牛仔裤等面料进行染色时，使用的蓝色染料是通过生物工程制备而非化学合成的，可大批量生产，这种微生物生产生物靛蓝的技术为天然染料染色开辟了一条新的希望之路。英国对天然染料的兴趣亦逐年增加，对染料在生物体内合成进行了深层次研究。美国 Allegro 天然染料公司提供的棉用天然染料色泽有 100 余种[1]。

二、我国植物染的发展现状

近年来，我国对天然染料的开发也在积极探索中。苏州大学、北京服装学院和中科院大连化学物理研究所等单位均有研究人员在从事天然染料染色方面的研究。当前，我国已经建立了植物染料数据库，且有能染毛、丝、棉、麻制品的天然黄、红、绿等色系的植物染料。天然染料染色的环保织物已经在高档纯毛、真丝制品，内衣、童装产品以及家

---

① 路艳华 . 天然染料在真丝染色中的应用 [M].北京：中国纺织出版社，2017：2.

纺、装饰用品等领域获得应用。例如，采用红曲米天然色素染真丝织物，可获得美丽的深红色，用于制作高档丝绸服装及真丝被面、围巾等。许多天然色素还因其特殊的成分及结构，而被应用于新型功能性纺织品的开发。例如，大黄防紫外线织物，可医治皮炎的艾蒿色织物，以及用茜草、靛蓝、郁金香和红花染成的具有防虫、杀菌、护肤及防过敏功能的新型环保织物等。

一些企业也采用天然染料开发生态染色纺织新产品。如杭州彩润科技有限公司采用植物染料和天然助剂开发亚麻、大麻、黄麻生态染色纺织品，并应用于贴身服装和家用纺织品领域。江苏的三毛集团以天然染料染色生产高档天然环保型面料。江西新余双林恩达纺织印染有限公司从植物的根、茎、花、果中提取天然色素，对手工织造的苎麻夏布进行染色，研发风格粗犷、凉爽、抑菌的植物染料印染夏布。桐乡草木研究所利用当地天然资源 —— 桑叶、桑皮、菊花和蓝草等，开发植物染料染色棉织物、丝织物、针织物和真丝纱线等多种产品，均具有良好的市场前景。

天然染料虽然不能完全替代合成染料，但它在市场上占有一席之地。我国地域辽阔，有着生产天然色素的丰富资源，传统染色技术历史悠久，具备得天独厚的物质和技术条件。因此，如何开发利用这一宝贵资源，挖掘、改进传统的染色技术，是摆在我们面前的一个重要课题。

三、植物染染色物的发展现状

植物染在长期的发展中，其染色物的种类不断丰富，在古代原有染色织物的种类上又增加了许多新的类别。

（一）古代植物染的主要染色物

1. 棉物

苏枋的色素为媒染性染料，棉、毛、丝等纤维均能上染，经媒染剂染色后，具有较高的染色牢度。

2. 麻物

故宫博物院珍藏了一件商代玉戈，正反两面均残有麻布、平纹绢等织物痕迹，并掺有丹砂。

3. 毛物

20世纪80年代时，新疆且末县扎洪鲁克墓和洛甫山普拉墓群出土过一批毛织物。前者断代为公元前1000—前800年，后者断代为公元1—300年。其服饰皆呈红色，唯深浅略有不同，有绯色、绛色、枣红、玫瑰红、橘红等。经分析，此红色染料的原料是茜草。有学者曾对新疆且末县扎洪鲁克墓和洛甫山普拉墓群出土的6件毛织物进行过X射线荧光分析，认为其至少使用了四种不同的染色工艺。

① 蓝色样品1件，可能采用了直接染色法，即通过涂染、揉染和浸染着色，因有关织物上未显示铝盐或铬盐，似非媒染剂染色。

② 红色样品3件，很可能采用了铝盐作为媒染剂染色，3件样品上都显示了较高的铝。

③ 3件红色样品的颜色深浅不一，颜色较深者含铝量较高，这很可能是多次媒染所致。

④ 2件草绿色毛织物很可能采用了蓝色和黄色染料套染而成，当人们将草绿色样品中的蓝色素提出后，其反射光谱曲线与黄色样品十分接近[①]。

4. 丝物

1974年时，长沙发现一件战国丝织品，多二重组织，其一部分经丝是丹砂染色，和它靠在一起的另一部分经丝是用淡褐色植物性染料染色的，两种色丝上下交织，很少彼此沾染，前者曾用黏合剂是无疑的。1982年江陵马山1号墓出土的舞人动物纹锦，经光谱分析，其经线有棕色、绛色和黄色，刚出土时，色泽鲜艳如新，很可能是草染所致。古代植物染料染色称为草染。出土的唐代染色织物也有不少，从科学分析的情况看，阿斯塔纳出土的唐代丝织物至少使用过如下几种染料。

① 茜草，所见染色织物有108号墓所出唐猩红色绮，104号墓所出绛紫绮等；

② 靛蓝，所见染色织物有88号墓所出藏青绢，100号墓所出天青绢等；

③ 黄栀，所见染色织物有108号墓所出黄地花树对鸟纹纱等；

④ 槐花与靛蓝套染，所见染色织物有105号墓所出绿地狩猎纹纱等。

---

① 朱莉娜.草木纯贞：植物染料染色设计工艺[M].北京：中国社会科学出版社，2018：27.

（二）现代植物染新增的染色物

1. 高档真丝制品

真丝绸是由蚕吐丝结茧、缫丝纺织而成的一种高级天然绿色面料，经线和纬线都是用桑蚕丝织造，优雅高贵，与肌肤的亲和性好，穿着舒适柔软，吸湿保暖，可有效地防止皮肤病。真丝绸织物质地细密柔软，表面光滑明亮，精致细腻，表面有珍珠般的光泽，手感柔软，贴近皮肤，滑爽舒适，其本色呈米黄色，以本白色为主，是一种高级服装材料。

真丝绸穿着舒适，除用于高档礼服外，还多用于内衣、睡衣、衬衫、围巾等贴身衣物，这些用途提高了真丝对染整加工的环保生态要求。

真丝绸有良好的染色性能，对酸性染色、中性染色、直接染料等都能上染。选用天然染料对真丝织物进行染色不仅不会破坏织物本身的性能，还能提高染色后织物的附加价值。

2. 家纺产品

随着人们生活水平的提高，家纺产品将由经济实用型向功能型和绿色环保型转化。用植物染料染制的床单、被罩、浴巾等家纺产品必然会因符合生态环保标准和具有医疗保健功能而受到人们的青睐。

3. 保健内衣

专家认为，绿色纺织品将成为家庭健康消费最基本的内容。随着人们对生态养生内衣的迫切需求，保健内衣将掀起"内衣革命"。植物染料大都有药物作用，如抗菌消炎、活血化瘀等，所以用植物染料染制的纺织品将会成为保健内衣的主力军。

4. 新型功能纺织品

染料因其特殊成分和结构，常被应用于功能性纺织品，如抗菌防护服、护士服、病号服、医用口罩、紫外线或红外线吸收转换服、发光服装等。护士服不拘于白色，如医疗美容行业喜欢用淡粉色，军队用草绿色，公共卫生护士服用深蓝色等，病号服颜色不一，以淡色系为主，以清洁、整齐并利于清洗为原则。用天然染料染色，特别是本身具有抗氧化、抑菌、抗突变等药理活性的中草药染料染色的医护服装、口罩更能发挥其特殊的功能。利用生物色素在的特殊功能而开发的纺织品，如用茜草、郁金香和红花染成的具有护肤及防过敏功能的新型织物（围巾、手帕等），可医治皮炎的艾蒿色织物等，不但安全环保，且有自然芳香。此外，还有紫外或红外线吸收转换服、发光服装、抗菌防护服等。

5. 婴幼儿服装、用品和玩具

现在的婴幼儿产品，如衣服、玩具等很多都是采用化学染料染色。利用天然染色开发一些婴幼儿产品，不仅能更好地保护婴幼儿的身体，还有利于保护环境，更有助于开发一些高附加值产品。婴幼儿是最容易受伤害的群体，因此可尝试一些新的应用，如用红色系的天然染料茜草和苏木对棉针织物进行染色，并利用天然黄土粉作为媒染剂，经媒染处理后的茜草和苏木染织品，色相纯正、柔和，且具有较高的色牢度。整个工序全部使用绿色、天然、生态的染料，使之真正达到"零"污染。在婴幼儿服装、用品（如童毯、童袜、被褥等）及玩具上使用植物染料染色一定会受到市场欢迎。

6. 装饰用品

随着人类社会现代化程度的日益提高，人们对纺织品质量的要求也越来越高，多样化、功能化、高档化成为装饰性纺织产品的发展方向。天然染料染色不仅有染色的装饰功能，还有医疗保健功能，再与我国传统的扎染、蜡染艺术相结合并进行创新，制成屏风、桌幔、椅垫、窗帘等各种装饰用品，大大提高了产品的档次。天然染料独特的色彩及防虫、杀菌的功能，加上传统工艺的运用以及设计者的巧妙构思，增加了装饰家居效果，具有不可抵御的魅力，给人们的生活带来了艺术享受。这些用天然染料染制的产品深受国内外客商的喜爱和欢迎，产品出口率很高。

四、植物染料行业的市场发展现状

随着我国植物染料技术不断进步，环保性能不断提高，成本有所下降。植物染料行业的上游主要为各类有色植物、染料加工设备等；下游为纺织行业中的印染子行业，纺织印染行业对植物染料的需求占到植物染料需求总量的 90% 左右。据统计，2019 年我国植物染料产量为 22800 t，同比增长 23.9%。在植物染料的提取过程中，大多数植物染料无毒无害、无致敏物、无致癌性和可降解性，被广泛应用于纺织、服饰用品等领域。从我国植物染料的消费量来看，2019 年我国植物染料表观消费量为 16200 t，同比增长 13.3%。进出口方面，2019 年我国植物染料出口量为 7683.35 t，同比增长 0.5%，进口量为 1109.31 t，同比下降 68.8%。从市场规模来看，我国植物染料行业市场规模从 2014 年的 9.14

亿元增长至 2019 年的 24.86 亿元，发展迅速 ①。

　　总而言之，植物染料无毒、与环境相容性好和医疗保健功能等众多优点使它成为近年来染整领域的新宠儿，市场发展态势良好。

————————
①　数据来源：华经产业研究院发布的《2019—2025 年中国植物染料行业市场深度分析及发展前景预测报告》。

第三章　中国传统植物染料的工艺研究

植物染作为人们喜闻乐见的一种传统民间染色形式，不仅体现了人们对美的理解和对美好生活的追求，而且在染色工艺上也呈现出独树一帜的特征。传统植物染色工艺是中国手工业史上一颗璀璨的明珠，在科技与工业快速发展的今天，植物染的染色工艺也更加完善。本章将从植物染色的前期准备、植物染料的分类及染色工艺三方面来对植物染料的工艺展开研究。

第一节　植物染色的准备工作

一、安全准备工作

植物染色的过程中，不仅需要运用染料与染色助剂，同时部分纤维与染料主要在高温环境下作业，因此在进行植物染前，应当先采取一定的安全措施，保证安全。

（一）将作业区与生活区分隔开

由于染色过程中将使用一些染化料，厨房不是理想的工作场所，应在厨房之外的空间搭建实验台，搁置可用于加热的电磁炉或其他加热设备。此外，烹饪器具与染色用器具要严格区分，最好不要使用还会用于烹饪的水壶、勺子和筷子等。

（二）将染化料罐装封存

一些染化料在空气中易吸湿、回潮，故各类染化料应密封在罐中。自行采摘或购买的染料也一定要注意防霉、变质，霉变的染料无法用于染色。此外，确保实验台、实验架的安全，重量大、体积大的物品应放置在地面上，而不是架子上。

二、准备染色所需工具

染色需要借助各种各样的工具。在购买工具之前可先观察自己的生活环境，其实生活中有很多物品可直接利用或经过改良后利用。具体来说，植物染需要用到的工具主要有以下几类。

（一）容器类

1. 小型容器

用于配制、储存染液，可用装饮料、果酱或调味品的废弃罐、塑料瓶、玻璃杯、不锈钢杯等。最好使用塑料、玻璃或不锈钢器皿，切记不要使用铝制、铁制的金属器皿等。

2. 染色用容器

用于材料浸渍和染色的容器，尽可能用抗腐蚀性的耐热材料，如染锅或染缸等，个人创作也可以选择废旧的不锈钢盆、不锈钢蒸锅等。染色容器体积尽可能大，以保证染色材料在容器中易于搅拌，加入染色材料后染液达到容器体积的三分之二为最佳；染色容器口径不能太小，以便染色材料的取放；染色容器也不能过于扁平，要求染色材料完全浸没于染液中。

（二）加热工具类

加热工具主要有电炉、电磁炉、煤气炉等。由于染色加热大多要逐步升温，且加热到一定温度后要保温一段时间，所以加热工具最好能有调温功能。另外还要注意一些电阻丝发热的电炉各部位温度的不均匀，以防染液不均匀加热。

（三）其他工具

1. 温度计
温度计用于控制染浴的温度，确保染色效果。

2. 定时器
定时器用于控制染色时间，满足染料充分上染织物的需要。

3. 刻度称

刻度称用于称取染料、各种染色助剂和被染材料。

4. 容量瓶

容量瓶用来配置一定浓度的溶液。

5. pH 试纸

pH 试纸用来测试染浴的酸碱性。根据织物原料和染料特性的不同，需要采用不同酸碱性的染浴。

6. 移液管、量筒

移液管、量筒主要用于移取一定量的染液与化学品。

7. 搅拌棍

搅拌棍主要用于搅动染液，保证染色材料均匀受热，使染料均匀上染。采用细长的棍棒即可，如筷子、塑料棍、玻璃棍等。

三、提取色素

染料上染纤维前，需要配制成染液。如果使用的植物染料为市场购置的粉末状染料，可直接配制。否则，需要先采用下述方法从植物中将色素提取出来，而后进行特定浓度的染液配制。

（一）色素提取的过程

色素作为染料的有效成分，大多数存在于细胞的原生质中。在色素的提取过程中，一个关键问题是如何将有效成分从细胞壁一侧的原生质转移至另一侧的提取溶剂中。其提取包含浸润、溶解、扩散三个过程。

1. 浸润

萃取溶剂与植物表面接触时，受到毛细管力和细胞吸水力的影响，进入细胞内。当植物的表面被溶剂湿润后，由颗粒间的孔隙和细胞壁胶粒组成的网孔，皆可看作是毛细管系统。在毛细管力的作用下，湿润表面的液体膜沿着毛细管壁被吸入细胞内。毛细管力越大，则溶剂进入细胞的速度越快。

2. 溶解

当溶剂进入植物细胞后，溶剂在细胞中溶解了大量的可溶性色素成分，使细胞内形成高浓度的溶液，并具有较高的渗透压；细胞外仍为纯的溶剂或浓度较低的溶液，渗透压也较低。细胞内、外之间便产生了渗透压差和浓度差。由于渗透压的作用，细胞内高浓度的溶液不断地向细胞外扩散，而细胞外低浓度的溶液或溶剂不断地向细胞内部渗透，直至内、外溶液的浓度达到平衡。

3. 扩散

细胞内、外溶液的浓度从不平衡到平衡的过程中，扩散起着重要作用。

（二）色素提取的方法

1. 溶剂提取法

植物染料色素的提取方法最常用的为溶剂提取法，溶剂提取方法包括浸渍法、煎煮法等。以水为溶剂提取天然色素可考虑使用浸渍法和煎煮法，其中煎煮法适用于有效成分能溶于水，对湿、热均稳定且不易挥发的原料。

（1）浸渍法

浸渍法是将植物块状物或粉末装入适当的容器中，加入适宜的溶剂（如乙醇、丙酮等）浸渍，以溶出其中的成分。本法简单易行，但浸出率不高，需多次浸提。

（2）煎煮法

煎煮法是我国最早使用的传统的提取方法，所用容器一般为陶器、砂罐或搪瓷器皿。在实验室用煎煮法提取时，均使用不锈钢锅或玻璃器皿，不宜用铁制、铝制或铜制器皿，以免提取液变色，或对后续的媒染处理造成不良影响。直火加热时需常搅拌，使加热均匀，成分均匀析出。煎煮提取前，植物颗粒最好在溶剂中浸润若干小时，有助于提高提取效率。

在提取过程中，原料的粉碎度、提取时间、提取温度、设备条件等都会影响提取效率。无论用哪种方法进行提取，应立即进行后处理，进行相应的浓缩加工，以便于保存。

2. 水溶提取法

由于大部分植物染料色素易溶于水，因此可采用水浴萃取法。

以水浴萃取时，水质、水量、水溶液的 pH、萃取温度和时间、植物形态，以及萃取次数等，都与染液色素的浓度和稳定性有关。

可选择植物的种子、叶子、根、皮或芯材作为植物染料的原料，将原料磨成 50 ~ 100 目的粉末。为了保证重现结果，应明确原料的含湿量、灰分含量、水或碱浸提物和吸收光谱。

提取过程在抗腐蚀的不锈钢容器内进行，采用不含金属杂质的水或饮用纯净水，以保证水质的稳定性。萃取的用水量在工艺上一般用"浴比"（即植物质量∶水质量）表示，浴比越大，说明用水量越大。萃取浴比视染料植物的特性而定，如植物的叶或花的萃取浴比是植物的茎或根的两倍。植物的个体体越大，色素就越不容易析出。为提高提取的效率，染料植物，特别是木本植物，应切成细粒状或薄片状，以利于色素的析出。大多数植物染料在不同的 pH 条件下，染液的色相变化不大，但有些植物所含的色素成分复杂，在不同 pH 下提取液的表观色泽差异很大。萃取液有酸性、中性和碱性之分，如红花的红色素必须在碱性条件下萃取，而菊花中的黄色素则可在中性条件下很好地析出。前者的萃取温度不宜超过 50 ℃，而后者对温度和提取时间不敏感，所以，萃取温度和时间需视色素而定。萃取次数越多，色素提取越净，提取率越高。通常，萃取时间为 30 ~ 60 min，萃取 2 ~ 3 次，合并提取液，备用。一般采用连续式离心沉淀等处理方式，将液体与植物固体分离，粒径大于 5 μm 的较纯净的悬浮粒子通过非织造布气泡过滤器或反渗透系统可以去除，然后染料沉淀，用过滤器挤压或离心机分离，后续采用浓缩工序以得到浓缩染料液，或在低温下真空干燥，得到粉末染料。

3. 超声波辅助提取法

超声波辅助提取法是一种高效的植物染料色素提取法。前文已述，植物染料的色素提取主要分三步：首先是溶剂浸润至染料植物细胞内；其次是有效成分溶解于溶剂中；最后是有效成分扩散到外部溶剂中。超声波能提高提取的速度，主要是从热效应、机械效应和空化效应等方面发挥作用，加快了溶剂扩散和有效成分的溶解。在超声波与介质相互作用的过程中，由于超声波的高频振动，水分子反复地被极化。这样，随超声波振动方向的改变而摆动的水分子的规则运动受到相邻分子的阻碍，产生了类似于摩擦的效应，因此必然有一部分能量转化为分子的热运动，使水的温度升高，从而加速有效成分的溶解。超声波的机械作用主要引起媒质元的振动，其位移、速度、加速度、压强等力学量所引起的效应，在其弹性振动下能使植物中更多的有效成分溶解于溶剂中。解新生、王璐等人在传统的水提取方法的基础上，首次将超声波技术应用于提取染料植物红藤的色素，利用超声波产生的强烈振动、高加速度、强烈的空化效应和搅拌作用等，加速有效色素成分进入溶剂，从而提高浸出率，缩短提取时间，同时可避免高温对提出成分的影响。研究总结了用超声波提取红藤色素的优化工艺，主要参数为：水浴温度 50 ℃，提取时间 90 min，超声波功率 200 W，浴比 1∶50。采用此优化工艺，所得色素提取率比 100 ℃ 条件下的常规方法高，而且超声波提取的色素稳定，重现性好。

天然植物中的有效成分大多为细胞内产物，提取时往往需要将植物细胞破碎。现有的机械破碎法难以将细胞有效破碎，而化学破碎方法又容易造成被提取物的结构改变，从而使之失去活性。20 世纪 20 年代，人们首次发现了超声波可以加速化学反应，随后产生了研究在超声波作用下物质进行化学反应的一门交叉学科——超声化学。超声波是一种弹性机械振动波，是听觉域以外的振动。它的强烈振动产生的高速度和强烈的空化效应，把集中的声场能量在极短的时间和极小的空间内释放出来，使介质局部形成几百到几千开尔文的高温和超过数百个大气压的高温高压环境，并产生很大的冲击力，引起激烈的搅拌作用，同时生成大量新的空化微泡，使该作用循环发生，造成植物材料的细胞因溶剂中瞬时产生的空化泡的崩溃而破裂，使溶剂渗透到细胞内部，细胞中的化学成分则溶于溶剂中，故能提高有效成分的提出率。另外，超声波的次级效应，如机械振动、乳化、扩散、击碎、化学效应和热效应等，也能加速被提取成分的扩散、释放，并与溶剂充分混合，利于提取。采用超声波提取缩短了提取时间，提高了提取效率，从而为色素成分的提取提供了一种快速、高效、低能耗的新方法。

四、配制染液

（一）选择染色工艺处方

根据待染材料的性质、选择的染料特性以及预期达到的颜色深度确定染色工艺处方。当采用浸染方法染色时，染色工艺处方中主要包括染料名称及其用量、染色助剂及其用量、织物重量及浴比、染色温度和时间等条件。

（二）准备染色用水

通常染色过程以水为介质，水质的好坏将直接影响到染色产品的质量和染化料、助剂的消耗。染色过程对水质要求较高，除要求无色、无臭、透明及 pH 为 6.5 ～ 7.4 外，还要求铁、锰的含量不超过 0.1 mg/L，水硬度则视用途而定，如配制染液时宜采用软水，染色后水洗用水硬度中等即可。植物染料染色用水质要求更高。

（三）染液配制与保存

1. 染液的配置

染色前需要按照期望达到的深度配制一定浓度的染液。根据染色工艺处方，计算染料用量和染液总量。配制时，称取一定量的染料置于杯中，缓慢地加入一汤勺温水，搅拌至黏稠状且没有结块后，再缓慢加入一定量的热水（小于总液量）并搅拌至颗粒全部溶解。随后，加入剩余的水分，搅拌均匀后即为染液。

2. 染液的保存

染液的储存期限因染料类型和保存方法的不同而异。由于植物染料的稳定性较差或易发霉，保存时间短，建议现配现用。此外，由于植物染料的耐日晒色牢度普遍较差，所以染料及染液应保存在低温、阴暗的地方，并且密封良好。

五、选择染色材料

植物染料多用于麻、棉、羊毛、羊绒、蚕丝等天然纤维及其制品的染色。因几种天然纤维成分不同（棉、麻属于植物纤维，主要成分是纤维素；丝、毛、羊绒属于动物纤维，主要成分是蛋白质），同一种染料的上染效果、上染条件等都不相同，所以在此简要介绍各种纺织纤维的特性。纺织纤维经纺纱织成织物，织物是最常用的染色对象。

在纺织过程中，可以采用一种原料纺纱加工的织物，这种织物被称为纯纺织物，如纯棉、纯麻、纯毛、纯真丝织物；也可以使用两种或两种以上的原料织成织物得到混纺织物或交织织物（两种或两种以上的原料混纺成混纺纱，然后再织成的织物，称为混纺织物；经纬纱分别采用不同原料的纱线相互交织或不同原料的单纱合股成股线而织成的织物，称为交织织物）。织物原料不同将会得到不同的染色效果。纱线织成织物的形式最常用的是机织和针织两种，所形成的机织物和针织物因结构松紧不同，染色效果也有差异。

（一）麻纤维及制品

麻纤维的种类很多，包括苎麻、亚麻、大麻、黄麻等不同品种，作为衣用纺织纤维的主要是麻和亚麻纤维。麻纤维的主要成分也是纤维素，但纤维素含量比棉花低，含木质素、半纤维素、果胶等纤维素的伴生物较多，且纤维结构大多紧密，这些都影响着麻纤维染色的难易程度及色泽的鲜艳度。中国传统夏布就是三麻布，植物旋蓝夏布是老百姓的日用服饰。麻纤维与棉纤维一样耐碱不耐酸，但耐酸碱性比棉稍强。麻纤维耐热性能好，高温处理后不会损伤纤维，但是较硬脆，压缩弹性差，经常折叠的地方容易断裂，不适合制作用缝扎法制作的扎染产品，因为紧密的缝合、捆扎会损伤底布。

麻布（图3-1）吸水快干，而且导热性好，出汗后不贴身，穿着凉爽舒适，是制作夏季服饰产品的理想面料，此外因为风格朴实自然、结实耐用、不易受潮发霉等特点，被广泛应用于装饰布、床上用品、桌布、餐巾、手绢、抽绣工艺品等。

图 3-1　麻布

（二）棉纤维及制品

天然棉纤维光泽柔和、朴实自然，原棉呈偏黄的本白色。棉纤维的主要化学成分为纤维素，同时还含有果胶及蜡脂质物质。未脱脂的棉花吸水性差，脱脂后的棉纤维具有很好的吸湿性、吸水性，具有良好的染色性能，但是由于植物染料的特点，植物染料在纤维素纤维上的染色效果不如羊毛、蚕丝等蛋白质纤维。碱对纤维素纤维的作用比较稳定，常温下氢氧化钠溶液会使纤维素发生溶胀，高温煮沸也仅有少量溶解。纤维素纤维遇酸后，强度严重降低，酸使纤维素纤维受到损伤。因此，染色爱好者在纤维素纤维的加工过程中，应尽量避免在酸性条件下加工，以免纤维受损。棉纤维耐热性较好，可以经受短时间的高温处理。

就品种而言，棉花主要有长绒棉（海岛棉）、细绒棉（陆地棉）两个品种。其中长绒棉纤维细长、品质好，是高级棉纺原料，最著名的是埃及长绒棉及美国的比马棉（Pima），我国的新疆棉也属于长绒棉。长绒棉制品精致、细腻，富有光泽，染出的颜色更能体现植物染料高雅、柔和的色彩特点。

棉布（图3-2）按漂白工艺可分为本白布、半漂布、漂白布。本白布染色后具有强烈的乡土气息，质朴无华；通常用于染色的材料是半漂布，用半漂布染色不会对染后的颜色产生影响，同时还可以降低成本；漂白布多作为成品使用，当然也可以用于染色，但要注意成品整理过程中添加的助剂（如柔软剂等）。

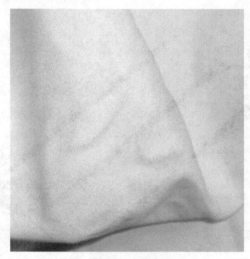

图3-2　白棉布

（三）毛纤维及制品

羊毛纤维柔韧、弹性好、抗皱、具有良好的保暖性，植物染羊毛制品（图3-3）多为毛衣、围巾、帽子等秋冬季保暖产品，高支细羊毛围巾、冬季保暖内衣更显植物染色优势。除绵羊毛可作为染色材料外，高档的羊绒纤维因比羊毛结构松，染色效果更佳。经植物染料染色后，产品兼具环保、健康、舒适的特性，又具有高贵、高雅的外观，是高档产品的首选。植物染料对蛋白质纤维的染色性远优于纤维素纤维。

图 3-3　羊毛制品

（四）真丝纤维及制品

蚕丝包括桑蚕丝和柞蚕丝等，其中应用最广泛的是桑蚕丝，它比柞蚕丝手感柔滑、细腻、精致。蚕丝是天然纤维中唯一的长丝，一根蚕丝由两根平行的单丝组成，外包丝胶。脱胶后的蚕丝纵向表面光滑，加之随意自然的三角形截面，使真丝织物（图 3-4）光滑、光亮、华丽、高贵。真丝纤维具有优雅、柔和、悦目的光泽，具有独特的"丝鸣"声。真丝绸种类繁多，如电力纺、双绉、雪纺、绉缎、乔其纱、真丝绡、真丝针织物等，有的轻薄透明，有的厚重如呢；有的外观平滑光亮，有的高低起伏光泽柔和。高级纤维可用于高级礼服、高级睡衣、夏季衬衫、裙子等。

蚕丝纤维属于蛋白质纤维，吸湿性好。蚕丝的染色性能佳，特别是与植物染料有极强的亲和力，因此大多数植物染料都可以上染蚕丝。但蚕丝耐热性稍差，不宜在高温下长时间处理。蚕丝属于较耐酸的纤维，故可以在酸性条件下染色。蚕丝的耐碱性很差，但比羊毛的耐碱性要好。

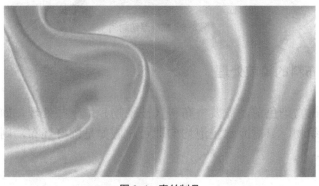

图 3-4　真丝制品

（五）其他纤维及制品

在纺织品市场上，采用两种或多种原料制成的混纺及交织织物占了很大的比例（图3-5），混纺或交织织物除使用以上四种天然纤维外，常常会用到再生纤维与合成纤维。

再生纤维中有黏胶纤维、铜氨纤维、莫代尔纤维、醋酯纤维等，其中黏胶纤维应用最广。黏胶纤维属于与棉、麻一样的纤维素纤维，吸湿性强、悬垂性好，手感柔软、光滑、耐热性较好，但是易起皱、缩水率大、湿牢度差、不耐酸，耐碱性也不如棉纤维。黏胶纤维对化学染料的吸色性很好，但由于植物染料的结构，加之再生纤维表面光滑，所以植物染料对黏胶纤维上染的颜色较浅。莫代尔纤维与之类似。合成纤维中应用广泛的有涤纶、锦纶、腈纶，其次为丙纶、维纶、氨纶等。合成纤维出现时，植物染料已很少应用于织物染色了，同时合成纤维大多不易染色，如涤纶、丙纶很难染色，所以目前植物染料多是对棉、麻、丝、毛等天然纤维染色。

图3-5　棉麻混纺制品

六、布料的染前处理

在做植物染色前，需要将布料（被染物）做一些处理。如进行过漂白精练的织物，只需冷水浸泡均匀即可。假如是棉麻坯布，则需要做进一步处理。

（一）精练处理

棉麻坯布或坯线需要把里面的杂质去掉才可以进行染色，这个过程叫"精练"。精练过的棉麻，线材可用 2% ～ 3% 的烧碱当主精练剂，再加布重 0.5% 左右的洗衣粉当作辅助精练剂。将布重 20 ～ 30 倍的清水放入不锈钢锅中煮练 1 h 左右，煮时要不断翻动，煮后充分水洗，然后晾干即成。进行过此过程后，不必再做退浆处理。

（二）退浆处理

市面上的成品白布，在整理过程中都加了浆料，在染色前必须做退浆处理。方法是：将要染的布料放入热水（60 ℃ 左右）中浸泡半天，并加以翻动，使浆料溶解，再放入洗衣机中，加入洗衣粉，用一般洗衣程序洗涤，清洗干净后即可去除浆料，也可以用手搓揉，冲洗干净后晾干即可。如想快速一些，可加适量的洗衣粉及布重 20 ～ 30 倍的清水于不锈钢锅中煮练 30 ～ 60 min，煮时要不断翻动，煮后充分水洗，洗后晾干。

目前使用最好的是用茶提出的茶碱作为前处理剂，可以达到退浆、精练一次完成，用量 10 g/L，水温 95 ℃，时间 60 min。处理完毕后，要充分洗净布料，勿留茶碱残液。

（三）豆浆处理

蚕丝、羊毛等动物纤维主要为动物蛋白质，与天然染料和媒染剂可以产生非常良好的结合，染色效果好，所以不必再经过其他处理而直接染色。棉麻纤维则不然，它们和媒染剂及天然染料之间缺乏亲和性，所以在染色之前可以用生豆浆浸泡处理，使棉麻布料充分吸收蛋白质，处理后充分晒干，再用来染色，可以得到较好的染色效果。

生豆浆可以购买得到，直接用，不必加水；也可以自己在家里用豆浆机制作，水量为黄豆量的 8 ～ 10 倍，注意千万不要煮熟。

先将布料放入生豆浆中浸泡，要不断翻动搓揉，以免蛋白质局部凝固。浸泡一次，约 20 min，然后将布料拧干扯平，再晾晒。若要效果更好，晒干后可以再浸泡一次。注意：豆浆处理最好在晴天进行，否则容易发霉。处理好的豆浆布应保持干燥，以免因潮湿而产生霉点。

第二节　植物染料的分类

我国地大物博，生物资源众多。现已查明，我国的植被类型几乎囊括北半球的全部品种，仅种子植物就有 3 万多种。我国的染料植物种类十分丰富，有乔木、灌木，亦有草本、藤本。有的是山野自生的野生植物，有的是田园栽培的植物，类型、产地不同，其色素含量亦不一致。按照不同的分类依据，可将植物染料分成多个类别。

一、依据植物的用途分类

大部分植物染料是常用的中草药或具有食用价值和高度观赏价值的植物，同时某些植物又是良好的经济作物，因此可以按照植物的用途对植物染料进行分类，详见表 3-1。

表 3-1　不同用途的植物染料

类别	食用类	药用类	观赏类	经济类	野生类
植物染料	茶叶、葵花、洋葱、栗和菱角等	大青叶、姜黄、大黄、茜草和黄连	万寿菊、合欢、相思树、荷花和石榴	龙眼、芒果、荔枝、枣、槟榔和桃	艾草、蒇草、蓝草和薯榔

二、依据植物染料的化学结构分类

依据植物染料的化学结构，主要可分为类胡萝卜素类、类黄酮类、醌类、生物碱类、叶绿素类等类型。

（一）类胡萝卜素类

类胡萝卜素类天然染料因在胡萝卜中发现而得名，主要包括黄色、橙色和红色等浅色品种，普遍存在于动物、高等植物、真菌、藻类中的黄色、橙红色或红色色素之中。类胡萝卜素最早是在 1831 年由化学家 Wachenrooder 从胡萝卜根中分离出来的[①]。在自然界植物中，类胡萝卜素

---

① 路艳华．天然染料在真丝染色中的应用 [M]．北京：中国社会科学出版社，2017：4.

多存在于黄色花卉、黄色和红色果实及黄色块根中，如栀子、野菊花、胡萝卜和番茄等。此外，绿色蔬菜、螺旋藻中均含类胡萝卜素。

动物中的类胡萝卜素主要是脂肪、卵黄、羽毛、鱼鳞以及虾蟹的甲壳的色素。其母体结构为聚异戊二烯，大部分以反式共轭多烯的形式存在。β- 胡萝卜素是重要的营养素，在人体中可制造维生素 A。

（二）类黄酮类

类黄酮类天然染料广泛存在于植物的花、茎、叶和果实中，为 2- 苯基苯并吡喃环结构的化合物，在植物中常以糖苷形式存在。这类天然染料分子结构中含有多个酚羟基，具有较好的水溶性，是典型的媒染染料。此种染料按结构可分为花青素、黄酮类、新黄酮类似物三类。

1. 花青素

花青素也称花色素，广泛存在于植物的叶和花中，由于细胞液的 pH 不同而呈现不同颜色，是使花朵呈现鲜艳色彩的主要色素成分。花青素色谱十分丰富，包括从橙红到蓝紫的色谱范围。花青素由苷元与糖苷构成，主体为 2- 苯基苯并吡喃阳离子。

花青素的颜色随着 pH 的变化而变化。改变其阳离子结构时可溶于醇，难溶于石油醚。在酸性条件下，花青素是阳离子染料，花青素带一个正电荷，可溶于水，颜色稳定。随着 pH 升高，染料结构发生变化，并失去原来的颜色。

2. 黄酮类

将花色素分子中 4 位上的碳原子氧化为碳基，变成吡喃酮结构，即黄酮类化合物，包括黄酮醇、黄酮、黄烷酮、查耳酮等。如高粱红色素为异黄酮半乳糖苷，属类黄酮系化合物，其他如槐花黄、青茅草黄、杨梅黄、红花红、紫杉红等。部分黄酮化合物具有抗紫外线和抗氧化的功能，可用作抗氧化剂和紫外线吸收剂。因其来自天然、毒性小，具有较高的利用价值。

3. 新黄酮类似物

新黄酮类色素与以上两类的不同之处在于苯环所连接的吡喃环的 4 位。其中，最典型的是常用的苏木天然染料。苏木的主要成分为苏木素，属于二氢吡喃类化合物，主要官能团有酚羟基和羟基。

苏木素在空气中能迅速氧化为苏木红素。苏木天然染料分子中含有多个羟基，易溶于水、乙醇、乙醚和氢氧化钠水溶液，在酸性条件下呈黄色，碱性条件下呈洋红色。

（三）醌类

自然界中的醌类色素主要包括萘醌和蒽醌两类。醌类天然染料广泛分布于植物界中，萘醌类主要是紫色系天然染料，如紫草等；蒽葱醌类主要是黄色系天然染料，如大黄、何首乌等。

在醌类天然色素中含有羟基或羧基，一些醌类色素中具有糖苷结构。分子结构中含有的羟基和羧基数目越多，水溶性越好。其中，含 α-羟基结构的水溶性小于 β-羟基，原因是 α-羟基与伯位碳基易形成分子内氢键；带有糖苷的色素的水溶性一般比不带糖苷的醌类水溶性强，原因是糖类的亲水性较好；若分子中带有羧基，水溶性更好。水溶性增强，则疏水性减弱，难溶于疏水的有机溶剂中。故紫草色素难溶于水，可溶于乙醇、乙醚、苯等有机溶剂；大黄色素虽水溶性较强，但在有机溶剂中溶解度低；胭脂酸可溶于水和乙醇，微溶于乙醚，不溶于苯、氯仿或石油醚。

醌类色素分子中带有酚羟基，具有以下性质：在碱性条件下，酚羟基电离的水溶性大大提高，同时发生深色效应。例如，紫草色素难溶于水，但可溶于碱溶液中。在酸性条件下，溶液呈红色；碱性条件下，呈蓝色；中性时则为紫色。由于这类天然染料都含有大量羟基，因此可作为媒染染料与金属离子形成配位键络合结构，从而增加染料的色谱种类，同时提高染色牢度。

（四）生物碱类

生物碱是一类含氮的有机化合物，一般无色。其中作为天然色素的主要是小碱，因其结构中有共轭体系存在，故呈黄色，也称黄连素。溶于水，难溶于乙醚、苯和氯仿等有机溶剂。天然黄连中小集碱含量达 10% 以上，呈季铵盐酸盐状态，其盐类在水中的溶解度较低。在黄檗檗等植物中，小柴碱的含量也较高。其分子中含有一个季铵结构的正电荷，为阳离子型天然染料。

（五）叶绿素类

在植物界中，颜色最多的是绿色，但用于织物染色的绿色天然染料很少。叶绿素广泛分布在植物的叶子中，是一类与光合作用有关的重要色素。叶绿素吸收大部分红光和紫光，反射绿光，故呈绿色。叶绿素色素稳定性较差，在光、氧、氧化剂、酸、碱条件下会分解。叶绿素分子是由两部分组成的，核心部分是具有光吸收功能的卟啉环，另一部分是称为叶绿醇的长脂肪烃侧链，各种叶绿素之间的结构差别很小。核心部分由四个吡咯环的 a- 碳原子通过次甲基相连而成，是复杂的共轭体系，在四个吡咯环的中间位置，四个亚氨基可通过配位键与不同金属离子相结合，叶绿素中结合的是镁离子。

叶绿素不溶于水，溶于有机溶剂如乙醇、丙酮、乙醚和氯仿等。叶绿素吡咯环中的镁离子可被氢离子、铜离子或锌离子取代，从而产生不同的颜色变化。在酸性条件下，被氢离子置换可转变为棕色的去镁叶绿素，去镁叶绿素易再与铜离子结合，形成铜代叶绿素，其颜色会比原来更稳定，且对光和热的稳定性较高。

（六）吲哚类

吲哚类是一类最主要、最常见的蓝色天然染料，主要成分为靛蓝。目前染色应用的基本上是合成靛蓝，其结构与天然靛蓝相同。天然靛蓝取自一些称为蓝草的植物，常见的有蓝、蓼蓝、马蓝和木蓝等，在植物中主要以含糖的化合物形式存在。靛蓝是典型的还原染料，本身不溶于水，染色时需在碱性条件下还原为隐色体后才能溶于水，并上染纤维。

三、依据植物染料的应用特点分类

依据植物染料的应用特点，可将植物染料划分为易溶型、易溶媒染型、先媒型、后媒型、还原型、酸碱易变型和单宁助染型等。

（一）易溶型

易溶型染料的天然色素在水中有很高的溶解度，其在染色时能被纤维很好地吸附，不需媒染剂媒染，如黄色系染料中的姜黄、大黄等属于易溶于水的植物染料。

（二）易溶媒染型

易溶媒染型染料的天然色素在水中有较高的溶解度，尽管其在染色时能直接吸附到纤维上，但染色牢度稍差，故需采用媒染剂来提高染色牢度。常见的该类型的植物染料有黄栌和苏木等。

（三）先媒型

先媒型染料的天然色素在水中的溶解度较低，需先用媒染剂处理待染纤维，然后和染料络合固着。常见的该类型的植物染料有茜草、槐花和茶叶等。

（四）后媒型

后媒型染料的天然色素的配糖体能溶于水，并能被纤维吸附，但上染后的色牢度很低，需采用后媒染，使染料很好地固着在纤维上。常见的该类型的植物染料有栀子、杨梅、槐花和茛草等。

（五）还原型

还原型染料的天然色素不溶于水，但其隐色体能对天然纤维上染且有一定的亲和力（隐色体是指该类染料经还原剂还原后转变成的一种可溶物质），染色后经空气氧化而固着在纤维上。常见的该类型的植物染料有蔓蓝、马蓝、蓝和木蓝等。

（六）酸碱易变型

酸碱易变型染料的天然色素对水溶液的酸碱性有很高的灵敏度，其在纤维上的固着牢度直接受 pH 的影响。常见的该类型的植物染料有郁金和红花等。

（七）单宁助染型

单宁助染型染料的天然色素必须借助单宁类物质才能在纤维上吸附，但是染制品的色牢度不高且色光较暗，必须再通过后媒染剂处理，使之发色固着，才能达到较好的染色效果。常见的该类型的植物染料又分为五倍子质单宁及儿茶质单宁两种类型。

1. 五倍子质单宁

（1）五倍子

五倍子为盐肤木类之小枝或叶上所生之瘤状物，由于一种昆虫在产卵之际，刺破树皮，使流出液汁而结成瘤状，以为幼虫之巢。此物含多量之单宁质，为单宁植物之主体也。

（2）盐肤木

漆树科漆树属之植物，生于山野，落叶乔木，高一二丈（一丈约为

3.33 m），羽状复叶，叶奇数，长尺许，小叶长卵形；夏月开花，花小，色绿白，为圆锤花序，花后结果，密生细毛，至成熟则小虫聚集，抹布盐杨之粉末，此木除生五倍子外，皮中亦含单宁。

（3）化香树

胡桃科化香树属，木本，羽状复叶，有锯齿，单性花，蒸黄花序，皆下垂，雄花无花盖，果实为球果，中含单宁，根、皮之中亦含有之。

（4）栗

壳斗科栗属，山野生之落叶乔木，高达五丈，叶披针状，互生，有锯齿，夏月开花，花小，单性，雌雄同株。果实为坚果，树皮及嫩叶之内均含单宁。

（5）石榴皮

石榴皮中含多量之单宁质。

（6）山榛

桦木科赤杨属，落叶乔木，高十余尺（一尺约为33.3 cm），树皮为赭黑色，叶互生，卵形而尖，有锯齿，花小单性，雌雄同株，果实为干果，椭圆形，可代五倍子，树皮之中亦含单宁。

（7）柯树

壳斗科（亦作案黄科）柯树属，常绿乔木，高达三四丈，叶为长椭圆形，质厚，边缘有粗锯齿，下面灰褐色，夏月开花，花单性，雌雄同株，树皮之中含单宁质。

（8）柯子

柯树之果实为坚果，即柯子，呈椭圆形，壳斗如囊状，初包果实，成熟则裂开，果实绽出中含单宁。

（9）槲木

壳斗科槲属，生于山野之落叶乔木，高二三丈，叶大，长倒卵形，边缘有波状锯齿，叶下生褐色之毛。花单性，雌雄同株，果实为坚果，圆形，有梳状之壳斗，树皮之内含有单宁。

（10）神子木

大戟科神子木属，温带自生之落叶乔木，叶为革质，倒卵形或长倒卵形，下部为楔形，基脚渐细，有短叶柄。夏日叶腋开花，花细小，色绿白。

（11）马目

壳斗科槲属，常绿乔木，高十余尺，亦有高至数丈者，叶呈倒卵形或椭圆形，长一寸许（一寸约为3.33 cm），叶之上部边缘有锯齿，花小单性，雌雄同株，果实为坚果，在碗状之壳斗上。

（12）野葛

漆树科漆树属，生于山地之落叶灌木，茎蔓延细长，旁生气根如须状，攀缘墙垣木石之上，叶柄赤色，叶小，三片互生，卵形至秋呈红色，夏季叶腋开花，呈黄绿色而小，花瓣五片，果实表面生毛茸有毒。茎秆供染料之用，含单宁甚富。

（13）旌节花

旌节花科旌节花属，落叶灌木，生于山地，高八九尺，叶椭圆而端尖，有锯尺，春月花先叶而开，总状花序，花小有梗，簇生，黄色，果实球形，大如豆粒，呈黑色，可代五倍子，树皮中亦含单宁。

2. 儿茶质单宁

（1）侧柏

松杉科侧柏属，常绿灌木，高十余尺，全体为圆锤形，枝叶排列整齐，叶小，为鳞状，花单性，雌雄同株，果实为球状，皮内含有单宁。

（2）柳皮

杨柳科杨柳属，落叶乔木，高达三四丈，枝细长下垂，叶为披针形，有锯齿，互生，花单性，穗状花，皮含单宁。

（3）桦木

桦木科桦木属，落叶乔木，生于山地，高达三四丈，叶卵形而尖，互生，有叶柄，花单性，雌雄同株，管排成穗状花序，雄花下垂，雌花结果如球状。树皮甚薄，色白，易剥，中含单宁。

（4）栎木

壳斗科槲属，生于山野之落叶乔木，高达数丈，叶为披针形。夏初开花，单性，雌雄同株，穗状花序。树皮灰褐色，粗而厚，纵裂甚深，中含单宁。嫩叶及壳斗中亦含有之。

（5）杨梅

杨梅科杨梅属，生于暖地，常绿乔木，高二丈许，叶革质，平滑，呈长椭圆形，夏月开花，果供食用，树皮中含单宁甚丰。

四、依据呈现的色彩分类

草木染料可依染后在纤维上呈现的色彩，分成单色性染料与多色性染料。

（一）单色性染料

纤维不需经过媒染即可直接染着上色，但若与不同媒染剂结合后再染色，染出的色相是单一的，只是明度、彩度不同而已，这类植物有蓝草、红花、姜黄、黄蘖、山栀子、胭脂等。这些植物染材属于直接性染料，特性是色彩鲜艳，容易染着上色，但坚牢度不佳，可以通过多次复染增加坚牢度。

（二）多色性染料

纤维与不同媒染剂结合后再染色，染后所呈现的颜色除明度、彩度不同外，染出的颜色也会呈现两种以上。这类植物有洋葱皮、福木、杨梅、槟榔、薯榔、石榴皮、红茶、相思树、茜草、苏木、五倍子、墨水树、果树等。这些植物染材的特性是色调较浊，色彩不够鲜艳。

五、依据植物染料的来源分类

（一）茶叶类染料

中国是茶的故乡。茶是中国对人类、对世界文明所做的重要贡献之一。中国是茶树的原产地，是最早发现和利用茶叶的国家。我国茶叶根据制造方法不同和品质差异，将茶叶分为绿茶、红茶、乌龙茶（青茶）、白茶、黄茶、黑茶六大类。其中绿茶又分为炒青、烘青、晒青、蒸青，红茶分为工夫红茶、小种红茶、红碎茶，乌龙茶分为闽南乌龙、闽北乌龙、广东乌龙、台湾乌龙，白茶分为白芽茶、白叶茶，黄茶分为黄芽茶、黄小茶、黄大茶，黑茶分为湖南黑茶、湖北老青茶、四川边茶、滇桂黑茶。

相关研究表明，几乎所有的茶叶均可用作植物染。仅是不同茶类染色后的色泽、色相、色光不同而已。相对而言，发酵时间长的茶叶染色后的效果更佳。相对其他植物染料，茶染料具有来源丰富、提取简单、色牢度高等优点。

茶叶染料染色可用于棉、麻、羊毛、蚕丝等天然纤维，也可用于黏胶纤维、天丝、莫代尔等再生纤维，甚至用于涤纶、锦纶、维纶等合成纤维。茶染料染色产品具有宁静柔和的色泽、持久淡雅的清香，而且亲肤、除臭、防过敏，尤其是抗菌性能优良，特别适用于婴幼儿用品、床上用品、内衣及装饰织物。

除了本来意义上的茶叶品种以外，一些本来不属于茶叶类的也进入了茶类，如加入花草的花草茶；原本属于中药类的决明子、绞股蓝、马鞭草、苦丁等；花卉类的玫瑰、菊花、洋甘菊、金银花、扶桑花、千日红等；还有食品类的大麦茶等均可以作为茶叶类染料使用。

（二）水果类染料

水果类染料的色素大多在果壳里，也有是在树根、树皮、树枝和树叶里。常见的水果类染料有板栗、槟榔、草莓叶、梨树叶等。

（三）蔬菜类染料

部分蔬菜可以用作染料，如甜菜和紫甘蓝。有些蔬菜中不是食用的部分，如丝瓜叶、洋葱皮等都可以做原料。有些药食两用的蔬菜，如紫苏等也可作为染料使用。

（四）花卉类染料

花卉类染料不仅仅指花朵，更多的是包含整株花。花朵看似艳丽，色彩浓郁，但不一定都能作为染料使用。因为大部分花朵所含的成分是花青素，在高温萃取时容易被分解，色素流失。

花朵如万寿菊、栀子花、槐米、石榴花等可以作为染料，花卉的果实、枝叶、根皮等也可以作为染料使用，且使用的频率颇高。

（五）中药材类染料

中药材是植物染料的主要来源，绝大多数可以用来做植物染料。当然根据性价比的原则来挑选材料才是合理的。需要注意的是，由于原材料的产地不同，收购或采集时间的不同，色素会有很大的不同；提取的时间、方法不同，结果也会有较大的差异。常用的中药类染料很多，如黄色的大黄、黄芩、郁金，红色的藏红花、茜草，蓝色的青黛，黑色的五倍子等。

（六）其他来源

1. 草本植物类染料

除了正常种植的草外，野生的杂草应该作为首选，如徘草、蓍草、飞机草、狼尾草、灰菜等。这类野草来源丰富，不会破坏生态资源，可以真正做到变废为宝、变害为宝。

2. 木本植物类染料

木本植物是植物染料的主要来源之一，不管树皮、树根、树枝、树叶、心材，只要是含有色素并能用于纺织品染色的材料都可以采用，但不能以破坏生态为代价。比如不能对正在生长期的树木进行砍伐，而应该以正常砍伐、修剪后的树木进行分类，对树皮、树根、树枝、树叶进行收集，用来做染材。常见的木本植物染料有苏木、柘木、黄栌的心材，杜英、樟树、女贞子的树叶等。灌木类的很多植物也是不错的染料来源，如荆条、马桑等。

第三节　植物染料的染色工艺

一、直接染色法

某些植物染料的天然色素对水的溶解度好，染液能直接吸附到纤维上，可以采用直接染色法染色的染料有栀子、茶叶、黄檗、姜黄等。

染色过程：被染物（布料、纱线、纺织品成品等）脱浆 — 浸泡 — 加入染液 — 加温染色 — 清洗、醇晒。

染色条件：不同面料的厚薄、织造方法不同，时间有所不同，一般是染色 30 ～ 45 min，温度 50 ～ 60 ℃，染液升温到 35 ℃时开始放被染物，然后缓慢升温染色。

二、还原染色法

部分不溶于水的植物染料可采用还原染色法，如蓝草。以靛蓝为例，其染色过程为：粉碎植物原料→加水浸泡数日→浸染织物数次→取出织物并空气氧化、固着显色→水洗→晾干。

另外，也可以先制取靛蓝染料的半成品，即在上述流程的第二步之后加石灰，已游离出的吲哚酚在碱性条件下迅速氧化成蓝色的沉淀，即为靛蓝，染色时再用酒精渣进行发酵，使其转化为水溶性的隐色体盐，然后染色。

民间蓝染技法有几百年的历史，具体操作工艺如下。

1. 配色（建缸）

把蓝旋倒入小缸中，5 斤（1 斤 =500 g）蓝旋配 8 斤石灰、10 斤米酒，加适量水搅拌，使蓝旋水变黄，水面上起旋沫，民间俗称"髋花"，即可倒入大缸待染。

2. 看缸（养缸）

旧时调色下缸由看缸师傅一人做主，一般不传外人。每天清晨由师傅看大缸里的染色水是否成熟，用碗舀起缸中苗水，先用食指在头上轻擦一下，手指沾到油脂后，再放在碗边的苗水上，看颜色大小。如果碗中水面迅速推开，说明缸中靛水颜色大；反之，缸中水必须经过灰酒调整，成熟后方可染色。在染坊中，灰（石灰）多称缸"老"或"紧"，使蓝靛下沉，布不易上色；酒多称缸"软"或"松"，染时浮色多易掉色，这种技术比较难以掌握。"两鬓斑白，不识缸脉"，这是染坊老师傅讲得最多的口头俗语。

3. 下缸

缸水保持在 15 ℃以上，一般在农历十月初生火加温，燃料为稻糠、棉（花）籽壳或木屑，它们的特点是基本没有明火，保温性能好。白天开炉加温，晚上关门封炉，直到来年四月份气温升高后方可停火。刮上防染浆的坯布，须浸湿后方可下缸。布下缸须浸染充分后出缸氧化，这样反复浸染七八次，直到颜色满意为止。

四季气候不同，蓝旋、石灰、米酒的稳定性差，按传统配方下料，未必能使蓝顺利还原。染坊师傅靠的是祖辈从实践中总结的经验，并根据不同状况调整缸中灰、酒的比例，使染色达到最佳效果。

三、媒染法

媒染法，顾名思义是借助某种媒介物质，使染料中的色素附着在织物上。这是因为媒染染料的分子结构与其他染料不同（媒染染料分子上含有一种能和金属离子反应生成络合物的特别结构），不能直接使用，必须经媒染剂处理后，方能在织物上沉淀出不溶于水的有色沉淀。媒染染料的这一特殊性质，不仅适用于染各种纤维，而且在利用不同的媒染剂后，同一种染料还可以染出不同颜色。如茜草不用媒染剂，所染颜色是浅黄赤色；加入铝媒染剂，所染颜色是浅橙红至深红；加入铁媒染剂，所染颜色是黄棕色。蓝草不用媒染剂，所染颜色是黄色；加入铝媒染剂，所染颜色是艳黄色；加入铁媒染剂，所染颜色是黝黄色。紫草不用媒染剂，织物不能上色；加入铝媒染剂，所染颜色是红紫色；加入铁媒染剂，所染颜色是紫褐色。皂斗不用媒染剂，所染颜色是灰色；加入铝媒染剂则无效果；加入铁媒染剂，所染颜色是黑色。

（一）媒介剂的分类

植物染中常用的媒介剂主要有以下几类。

1. 金属盐类

许多天然染料都使用金属盐媒染，如明矾、重铬酸钾、硫酸铜、硫酸亚铁、氯化亚锡、氯化锡等。天然染料与各种媒染剂结合后，其色相会发生一定变化，如从苏枋中提取的色素与铅、铜、铬、铁、锡等离子结合后，其颜色分别是红色、茶色、紫色、灰色、红色。

2. 鞣质和鞣酸

植物鞣质是带涩味、有收敛性的物质，是植物的皮、叶、果实的分泌物。鞣质因为价格低廉而常常代替保酸作为媒染剂，许多含有鞣质的植物都存在鞣酸。没食子含鞣酸最高，为 $60\% \sim 77\%$[①]。

3. 油类

油类媒染剂与明矾形成配合物。明矾是一种主要的媒染剂，可溶于水，与纤维无亲和力，很容易从处理后的织物上洗去。油类媒染剂包括脂肪酸，如棕榈酸、硬脂酸、油酸、蓖麻油酸等以及它们的甘油酯。脂肪酸中的羧基（-COOH）与金属盐反应生成 -COOM，"M"代表金属。磺化油是一种化学物质，阴离子型表面活性剂的一类，具有润湿、乳化、分散、润滑等作用，被广泛用于纺织、制革、造纸、金属加工等领域。磺化油本身是亲水性的油，明矾与磺化油配合使用，更容易形成配合物，会提高对纤维的亲和力，磺化油比天然油类有更好的金属配合能力。

4. 天然媒染剂

（1）草木灰水

利用木材、稻草、麦草，经过完全燃烧成灰后，筛出细灰，取灰加热水搅拌，沉淀之后即可取出澄清草木灰水。草木灰水是最早被利用的漂白剂与媒染剂，草木灰水不但可让染液发色，还可固色。经过草木灰水处理所染出的颜色更鲜丽，又不易褪色；利用草木灰水当媒染剂，能

---

① 朱莉娜. 草木纯贞：植物染料染色设计工艺 [M]. 北京：中国社会科学出版社，2018：12.

染出明度及彩度较高的色泽。

（2）醋

一般常用米醋、乌梅汁、石榴汁等酸性汁液，在染色之前加数滴在染液中。尤其是染红色系的红花，就必须利用乌梅汁（乌醋）来中和，才能显出鲜丽的红色。

（3）石灰水

生石灰加水搅拌，沉淀后取澄清石灰水即可，但易损伤纤维尤其是蚕丝。因此，染蚕丝时不以石灰水为媒染剂，石灰水只用在染棉或麻布上。

（4）铁浆水

铁浆水是染黑色的重要媒染剂。现在最简易的方法是，取生锈铁钉500 g，放入大口瓶内。加入一杯盐及一杯或半杯面粉，再灌入十杯热水，放置十日，过滤瓶内铁钉之后，所得的液体即是染黑的铁媒染剂。

（5）柠檬酸

很多植物的果实中都含有丰富的天然柠檬酸，如柠檬、菠萝、柑橘等。人工合成的柠檬酸的生产原料主要有薯类、谷类、淀粉、糖类，也同样是由天然物质发酵制成的。柠檬酸作为有机酸，被广泛应用于食品业、化妆业、纺织业、工业等领域中。柠檬酸属于酸性染色助剂，易溶于水和乙醇。柠檬酸可增加染色的鲜艳度，对面料无伤害，在羊毛染色中还能起到软化面料的作用，使其变得更蓬松柔软。

（二）媒染法的分类

依据媒染的具体工艺，可将媒染法分为预媒染法、同浴媒染法、后媒染法及多媒染法四种方法，它们各有特点，可根据植物染料的性质和品种选用。

1. 预媒染法

预媒染法是将染色材料先用媒染剂处理，再用植物染料染色的方法。预媒染法的优点在于可及时控制颜色浓度，仿色比较方便，特别适用于染淡色和中色。缺点是染色过程繁复，且待染材料经媒染剂处理后，加快了染料上染速度，容易染花，染色物摩擦色牢度偏低。均匀的预媒染处理，是保证染色均匀的前提。

2. 同浴媒染法

同浴媒染法是将植物染料和媒染剂放在同一浴中染色的方法。在同浴媒染时，染色材料的媒染剂处理、染料的吸附、在纤维上形成络合物是同时发生的。同浴媒染法最大的优点是将两个过程在同一浴中完成，工艺简单，染色时间短，色光容易控制。缺点是因上染与络合反应同时完成，染料在纤维内的扩散往往不够充分，染深、浓色时产品的摩擦色牢度不及后媒染色法好，故这种方法应用较少。

3. 后媒染法

后媒染法是先用植物染料染色，再用媒染剂进行媒染处理的染色方法。在实际应用中，大多使用后媒染法染色，其优点是匀染和透染性好，适宜染深浓色。缺点是染色过程长，色光和仿色不易控制，这是因为染色物的颜色只有在媒染之后才能表现出来，但如果严格控制工艺条件和掌握染料染色性能，这些缺点可以克服。

4. 多媒染法

多媒染法是指先用明矾预媒，然后染色，再用青矾后媒的媒染工艺。其原理是先使一些能与染料络合但得色较浅的媒染剂，如铝媒染剂，先与纤维以离子键结合。然后将预媒后的纤维染色，这样染料较易上染并与已有的金属离子络合。最后用得色较深的媒染剂盖上，如铁媒染剂，此金属离子就与大部分吸附在纤维表面的染料络合，或是将原来络合中的铝离子取而代之，从而获得较深、较匀、较牢的色泽。

四、鲜汁染法

鲜汁染是指将新鲜的植物（根、叶、皮、花等）通过浸泡、捣碎的方式压榨出汁液，然后直接染色，鲜汁染属于最简单直接的染色方式，在没有发明酒槽发酵法之前，最早就是采用鲜汁染方式染青、蓝、青绿色。制作过程：先将染草叶子浸水并揉碎成汁液，浸染面料，蒸蓝、马蓝染面料可通过氧化变成蓝色，蓝鲜叶染呈现碧色，即青绿色。此法虽然简单，但受到产地和收获季节的制约。最著名的鲜汁染就是薯莨色，即香云纱的染色工艺，薯莨根茎的鲜汁染很耗时、耗力，不如煮染上色更快，两者的固色都很好。

五、复染法

复染，是早期染色的基本工艺，就是把织物用同一种染液反复多次着色，颜色逐渐加深。这是因为植物染料虽能和纤维发生染色反应，但受限于彼此间亲和力的高低，浸染一次后只有少量色素附着在纤维上，色不深，欲得理想色彩，需反复多次浸染。而且在前后两次浸染之间，取出的纤维织物不能拧水，直接晾干，以便后一次浸染能吸附更多色素。《墨子·所染》中有织物颜色、染料颜色与浸染次数之关系的论述，谓："子墨子言，见染丝者而叹曰：'染于苍则苍，染于黄则黄，所入者变，其色亦变，五入必，而已则为五色矣。'"

六、套染法

套染的工艺原理与复染基本相同，也是多次浸染织物，只不过是多次浸入两种或两种以上不同的染液中交替或混合染色，以获取中间色。如染红之后再用蓝色套染就会染成紫色；先以旋蓝染色之后再用黄色染料套染，就会得出绿色；染了黄色以后再以红色套染就会现橙色。运用套染工艺，可以只选择几种有限的染料，从而得到更丰富的色彩，它的出现使染色色谱得到极大丰富。《诗经》中对当时染色情况进行了描述，《诗经·邶风·绿衣》有云："绿兮衣兮，绿衣黄里。"绿色并不是红、黄、蓝三种原色，而是通过三种原色套染而成，说明我国远在3000多年前即已获得染红、黄、蓝三色的植物染料，并能利用红、黄、蓝三原色套染出各种色彩来。故可以推定早在春秋时期，我国纺织技术中已有套染法。元代复色染多用二浴法套染，《多能鄙事》中记载了"染小红"的方法，配方为：一浴用染料槐花二两，助剂明矾一两；二浴用染料苏木四两，助剂黄丹一两。整个工艺经历打底、预媒、初染、后染四步，此染色工艺体现出当时染色工艺的水平。

七、煮染法

在染色之前，面料一般要用清水浸泡 30 min 以上，使之浸透，拧干后浸入染液中，这样染色容易均匀。另外，要实现渐变效果，面料中需要含水，颜色就能够慢慢洇上来，色彩转为柔和自然。

先根据面料的媒染方式做媒染处理，适合先媒后染的植物染料，染之前先将面料浸于媒染剂溶液中半小时，捞出后洗涤一遍拧干备用。

按照一定染料与清水的配比，先将染料用清水在煮锅里浸泡半小时到一个小时（粉剂染料不用浸泡），木材类的染料甚至可以浸泡一晚，如苏木。

高温煮沸后，小火煮，30 min 后过滤出染液倒入盆中（粉剂染料煮一次即可）。按照前面的配比，进行第二次煮液，30 min 后倒出染液与第一次染液混合。面料在染液中浸染 30 min 后，捞出面料，拧干后放入媒染溶液中，20～30 min 后，洗涤干净。可重复进行染制，即复染，颜色会逐渐加深。

八、鲜拓染

鲜拓染一定要用新鲜的植物才能拓出颜色。

制作过程：先把叶子或花茎平摊在面料上，用敲击的手法将植物形状和颜色拓印到面料上。用该法形成的图形生动、鲜活。染色中敲击的轻重要控制好，越容易上色的面料越脆弱。

九、综合染法

综合染法是复染、套染和媒染几种方法并用。《多能鄙事》卷四所载"染小红法"即是这种方法的代表。据记载，其配方和工艺过程如下："以练帛十两为率，苏木四两，黄丹一两，槐花二两，明矾一两。先将槐花炒令香，碾碎，以净水二升煎一升之上，滤去滓，下白矾末些少，搅匀，下入沸汤一碗化开，下黄绢帛浸半时许。先将苏木用水两碗煎熬至一碗之上，滤去滓，将汁顿起留头汁，再入水一碗半，煎至八分一碗。滤去滓，再与头汁相和，别顿起，将溶再入水二碗，煎至一碗滤去滓，与第二汁相合，下黄丹在二汁内，搅匀。下入矾了黄帛，提转令匀，浸片时扭起，将头汁温热，下染出绢帛，急手提转，浸半时许。可提转六七次。扭起晾于风头令干，勿令日晒，其色鲜艳甚妙。"

整个工艺过程可拆分为四步：第一步，将绢帛放入加有明矾的槐花染液打黄底；第二步，将已染黄的绢帛放入矾液中浸泡，其作用是对苏木的预媒和对槐花的后媒；第三步，将经矾液浸泡过的绢帛放入较稀的苏木染液中与黄丹媒染；第四步，用温度稍高、较浓的苏木染液复染。

十、乳化分散法

溶解低的染料采用乳化分散的方法，就是利用阴离子或非表面活性剂使不溶解的色素颗粒分散到染液中，形成稳定的分散体系，使织物和染料颗粒的接触机会增多，染料吸附速度加快，达到较好的染色效果，降低染色成本。染料的水溶性越低，分散法染色效果越好。如用含有巯基丙酸异辛酯5%的处理剂处理玉米纤维织物，再将相当于天然染料质量3%的分散剂加入相当于处理后的玉米纤维织物质量16%的水，加热至

60 ℃时，再加入相当于处理后的玉米纤维织物质量 2.5% 的天然染料，搅拌处理 5 min，最后在阶段性升温的条件下利用预处理后的天然染料对处理后的玉米纤维织物进行染色，不仅缩短了染色时间，降低了染色温度，还提高了染色牢度，节省了染料。

十一、超临界流体染色技术

超临界流体染色技术具有良好的稳定性和易操作性，能轻易地对蚕丝、羊毛、棉、麻、黏胶、聚酯、聚酰胺等纤维进行染色，染色织物色泽均匀、色牢度较好。

①用菠菜中提取的叶绿素和改性叶绿素进行羊毛纤维超临界二氧化碳染色与常规水浴染色对比，前者染色效果更好，染色牢度明显提高，耐干、湿摩擦色牢度均达到 4 级以上，耐洗、耐汗色牢度均在 3 级以上。

②叶绿素衍生物（染色条件：pH 为 4，染色温度为 95 ℃，染色时间为 40 min）对锦纶进行超临界二氧化碳染色，匀染性和色牢度好于普通染色工艺。超临界流体染色技术只要解决好设备投资高及潜在的危险性问题，是可以作为天然染料新的染色方法而被广泛应用的。

十二、酶促染色法

酶是一种新型、环境友好的生物活性织染助剂，它的种类很多。开发蛋白酶、水合酶、脂肪酶、过氧化氢酶、纤维素酶、转酰胺酶、腈水合酶等生物酶在染色中的应用是全新的研究方向。生物酶主要应用于天然纤维的前处理加工，如用蛋白酶对真丝织物进行预处理后用茜草染色，织物得色深度和各项色牢度明显高于未处理的真丝织物。使用胰岛素和 α- 淀粉酶对棉和羊毛预处理后染色，羊毛的防缩性能和染色性能均得到改善。除了天然纤维适合酶产色，一些合成纤维同样适合。

①腈纶用腈水合酶（腈纶先经 2% 的苯甲醇预处理 60 min，再用 5% 的腈水合酶在浴比 1∶50、pH 为 7、温度为 40 ℃ 的条件下酶处理 50 h）处理后，用胭脂红染色，上染率大幅度提升。

②真丝用蛋白酶（蛋白酶质量分数 3%，浴比 1∶50，pH 为 3，40 ℃ 的条件下处理 40 min 后，其 K/S 值明显高于未处理的真丝织物）预处理后用茜草染，色各项色牢度均达 4 级以上。

③羊毛织物经蛋白酶处理后，用胭脂虫色素染色（蛋白酶浓度 1%，胭脂虫红色素浓度 60%，浴比 1∶40，pH 为 4，温度为 90 ℃ 的条件下染

色 50 min）后性能良好，织物的匀染性、色牢度较好 [①]。

④蛋白酶、TG 酶联合改性羊毛织物后用苏木直接染色，媒染 K/S 值均明显增加，耐干摩擦及耐皂洗色牢度优良。

虽然天然染料酶促染色方法的研究相对较少，但从提高产品质量、减少环境污染的角度，酶促染色法是一种符合环保要求的比较有前景的工艺技术。进一步开发天然染料用工业酶以及研究酶促染色新工艺将有利于天然染料酶促染色技术早日实现产业化。

十三、微波染色法

微波染色是利用微波加热促进染料的溶解和扩散，染色均匀性较好，能够大幅度降低能耗的染色技术。不仅适用于纤维素纤维和羊毛纤维染色，还特别适用于聚酯纤维的染色。天然染料高粱红、茶多酚、栀子黄和栀子蓝、紫胶等均可采用微波染色法染色织物。将微波技术和酶促染色法或媒介染色法相结合，将进一步开拓天然纤维的应用前景，相关技术联合使用也将有利于节能环保。

十四、纤维改性染色法

纤维通过改性（包括化学改性法，如纤维素纤维胺化改性、活化改性和氨基聚合、表面化学接枝等；物理改性法，如低温等离子处理、磁溅射等；生物改性法，如利用酶处理、液氨和铜氨溶液处理等），减少了纤维对天然染料的排斥，同时引进一些活性基团，改善了天然染料在纤维上的染色性能。

①蚕丝织物经交联型固色剂处理后，再由天然染料姜黄染色，耐干、湿及日晒色牢度明显提高。

②天然染料染色阳离子化学改性的棉织物具有较高的得色量，较好的色牢度和匀染性以及优异的紫外防护性能。

③壳聚糖不仅可以对纤维改性，同时能够赋予纤维生物以功能性，从而增强对纤维的吸附上染。

④物理改性技术在纺织行业中的推广可以带来显著的经济及环保效益。

⑤磁溅射技术可以赋予织物抗菌、电磁屏蔽、防紫外、防水透湿的

---

① 于颖 . 天然染料及其染色应用 [M]. 北京：中国纺织出版社有限公司，2020：112.

功能，并有助于染料的染色。

⑥ 等离子处理技术作用于有机化合物，可以使纤维表面发生分解、聚合、接枝、交联、减量等化学反应，有利于纤维与染料的反应，大大改善了对染料的吸附和固着。

总的来说，植物染经过长时间的应用与发展，其染色工艺不断丰富、完善，已经形成一个系统的工艺体系，且每种染色工艺都有着自己的特点。了解各类植物染的染色工艺，既是认识植物染、了解植物染的重要环节，也是开展植物染研究不可或缺的内容。

第四章　植物染中的红、褐、黄、绿、蓝、紫、黑

我国古代用作染料的植物种类繁多。据统计，至少有 1000 ～ 5000 种植物可以提取出色素。草本植物是提取色素的主要来源，如红色可以从苏木、茜草、红花等中提取，黄色可从姜黄、石榴皮、黄栌中提取，蓝色可采用蓝草制成靛蓝，黑色可以从五倍子等中提取。同时，人们还发现当用某种染料染色时，织物每浸染一次，颜色便加深一些。因此，本章就按照色系分类法对植物染料进行分类，以此来探究植物染中的红、褐、黄、绿、蓝、紫、黑。

第一节　红色系的植物染料

一、茜草

茜草（图 4-1），茜草科茜草属，《中国植物志》中记载，茜草属有 70 多种，能染色的茜草为茜草属，别名有茜根、地血、牛蔓、芦茹、过山龙、地苏木、活血丹、活血草、红茜草、四轮车等，功效作用有凉血、止血、祛瘀、通经、镇咳、祛痰。

图 4-1　茜草根

茜草染色历史悠久，中国、中亚、欧洲在几千年前就使用茜草染色了。染色茜草的根为红色，含有茜草素，多为四叶茜，也有比较少见的六叶茜，分布于印度、伊朗、阿富汗等中亚地区，以及我国的新疆、西藏、青海、云南、四川等地，多生长于沙地上。《中国植物志》中提到了梵茜草（Rubia manjith Roxb.ex Flem.）一词，manjith 源自梵语，意为鲜红色的，古时，中国对印度等地的事物，常冠以梵字，因此梵茜草也可叫作印度茜草，这是染红色最好的一种染色茜草（注：这里说的茜草指的都是茜草根）。

茜草早在商周时期就已经是主要的红色染料了，南梁本草学家陶弘景在《本草经集注》中称："此则今染绛茜草也。东间诸处乃有而少，不如西多。"茜草于东方沿海之地较少，于西方内陆较多，可看作西方之草，所以名"茜"。

我国从汉代开始就大规模种植茜草。唐代《李群玉诗集·黄陵庙之二》："黄陵庙前莎草春，黄陵儿女茜裙新。"茜裙指的就是用茜草染的红裙，中国传统色彩中的茜色指深红色，一种带紫色成分的红色。《天工开物》通篇没有提到茜草，提到的红色染料只有红花和苏木，这说明到了明代基本不再大规模使用茜草染红了，虽然红花、苏木的固色效果都不如茜草，但是其所提取的红色更为纯正。由此可以推测，当时所产的染色茜草的红色提取过程烦琐，且经济成本过高，逐渐被人们放弃。

茜草属于媒染染料，必须通过媒染的方式才可入红色，媒染剂不同，得到的色彩差异也很大，如用明矾媒染可得红色，绿矾、青矾媒染可得紫色。因受染液浓度、染色顺序和时间等因素影响，红色可能偏黄，也可能偏紫。茜草可以染出多种红色调，从娇嫩的粉到艳丽的红，从温柔、亲切的橙红到大气、高贵的紫红，茜草染色经得起时间的考验，耐洗耐晒，是最合服装的一种天然红色染料。茜素是多色性染料，它含有黄色和红色是为人们所熟知的，但其实它还含有紫色，因含量少而被忽略不计了。

茜草根需要先切碎再煮，一般的染色流程为：切碎的茜草根 200 g，加入 4 L 水，煮沸后小火煮 30 min，过滤出染液，再次加水煮沸半小时，如此反复三次过滤出染液。将先在明矾水中媒染 30 min 的织物水洗拧干，放入温度在 40 ~ 80 ℃（根据织物调节温度）的染液中浸染 30 min，可重复媒染和浸染过程，次数越多，颜色越深。粉状茜草的染色过程就更简单了，只需要按比例加水煮沸半小时即可成染液，茜草粉上色效果更佳。

染色茜草采用不同的媒染方式与浸染顺序，可产生千变万化的色彩效果，如羊毛围巾染色，初染液的先染后媒，颜色发暗，呈烟红色，次染液的先染后媒呈现橘色；初染液的先媒后染呈现橙色，复染液的先媒后染呈现红色。以下染色均使用研磨成粉状的印度茜草。

茜色：指染色茜草染的红色，一般指偏深的红色，属中国传统色彩。染制方法：羊毛白坯，茜草粉 10 g，清水 3 L，茜草粉常规煮沸后小火煮 30 min，染液温度保持在 40℃ 左右，几次复染，每次 5 min 浸染，明矾媒染，采用先媒后染的方式。

茜红：比茜色要鲜艳又比大红略深的红色，在真丝上可以呈现鲜红色，艳丽多姿，吉祥喜庆。茜草染真丝的染制方法：茜草粉 25 g，清水 4 L，先媒后染，明矾媒染，恒温 5 ℃ 热染，每次 1 h，4 次复染。

茜粉：茜草染出的粉色，娇俏明媚，浪漫脱俗，如茜草染羊毛围巾，在媒染过茜草的明矾水中浸染即可得到这种淡淡的茜粉色。

二、苏木

苏木（图 4-2），豆科小乔木，别称苏枋、苏方、棕木、赤木等。原产自印度、越南等地，分布于我国云南、贵州、四川、广西等地。干燥芯材可入药，其药用功效有提高人体免疫力、抗菌、抗炎、抗癌等。

图 4-2　苏木

苏木是中国古代著名的红色植物染料，含有苏木红素，古人给苏木的红色起了一个专属名称：苏枋色，也叫苏方色、苏芳色，指暗红色。《南方草木状》（晋代嵇含撰）记载："苏枋……南人以染绛，渍以大庚之水，则色愈深。"南方人用苏木来染红色，如果浸入大庚的水，颜色会更深。这里的"大庚"指的是广东大庚岭，此地富含多种金属矿。绛色指发暗的红色。

苏木染色比茜草染色更简单、鲜艳，苏木的主要色素成分为苏木精，易溶于水，根据不同的媒染能产生各异的色相。苏木染液本身显现偏紫的红色，用明矾媒染固色之后面料会变成橘红色。

苏木染用碱性水作媒染可以染出更深的红色。《天工开物》记载的木红色（用苏木煎水，入明矾、五倍子）为暗红色，比较适合作苏木这种碱性染料的媒染剂是单宁酸，而单宁酸也叫鞣酸，是从五倍子中得到的一种鞣质。

真丝、羊毛天然纤维极适合用苏木染色，从粉红到大红，可以淡如樱花，也可以红到发紫。

三、红花

红花（图4-3），也叫红蓝花、草红花、刺红花、南红花，菊科，一年生草本，在我国广泛种植，主产于新疆、甘肃、河南等地。红花自古以来就用途广泛，可治病可染衣，还可以制作化妆品（胭脂）和食用着色料（特指红花黄色素）。

图4-3 红花

作为一种名贵的中药材，《唐本草》记载红花"治口噤不语，血结，产后诸疾"，《本草汇言》记载"红花，破血、行血、和血、调血之药也。主胎产百病因血为患，或血烦血晕，神昏不语"。红花可以治疗心脏病、风湿病，能活血祛瘀，美白润肤，延缓衰老。

红花的主要化学成分为红花黄色素和红花红色素，是天然色素的原料，尤其是黄色素被广泛应用于食品领域。古人认为黄色素没什么染色价值，且认为红花红才是最纯正的真红，不需要媒染可直接在织物上染色，南唐诗人李中的诗句《红花》这样描写红花："红花颜色掩千花，任是猩猩血未加。染出轻罗莫相贵，古人崇俭诚奢华。"

《齐民要术》《天工开物》中都记载了关于红花红色素的提炼过

程：① 先将红花装在布袋中，泡在 30 ℃ 的清水或者加了醋的水中（古用乌梅水），将溶解了黄色素的染液倒于干净的盆中，重复上面的过程三次，收集三次黄色素染液；② 配制碱性水，草木灰与水的比例为1∶10，将 100 g 草木灰倒入 1 L 水的瓶中，充分搅拌，放置 12 h 以上，倒出上层澄清后的草木灰水；③ 将装有去掉黄色素的红花布袋，放入草木灰水（碱水）中揉搓，澄出红色素，将红色染液倒入干净的盆中，用此法提炼三次红色素；④ 将面料放入红色染液中染色，最后加入乌梅水固色。

四、高粱红

高粱（图 4-4），禾本科高粱属，1 年生草本植物，是我国最早栽培的禾谷类作物之一。在我国广泛栽培，以东北各地最多。

图 4-4　高粱

高粱红色素存在于高粱壳、籽皮、秆中，为典型的黄酮类化合物，有一定的营养价值，可溶于水、乙醇，被广泛用于食品工业，亦可用于染色。高粱红色素以禾本科植物高粱外果皮为原料，用水或稀乙醇水溶液浸提、过滤、浓缩、干燥而制成。

染色爱好者可以从市场上购置高粱红色素配制染液，也可以采用水煮法提取高粱红色素。如称取一定量的高粱壳浸于水中（料液比为1∶20），并加入 10 g/L 左右的苏打，沸煮 2 h，过滤得到染液，可重复煮两次，即可得染液。高粱红染蚕丝、羊毛、羊绒、尼龙、棉麻得红色，特别是蚕丝染色得亮红色，色牢度在 3 级以上。在无媒染剂的情况下上色较浅，在不同的媒染剂的作用下颜色色相变化不大，其中铝媒染后色泽纯正。

五、海棠花

海棠（图4-5）在中国有着悠久的历史与文化，是文人雅士最爱的花之一，与梅花、牡丹相提并论，被誉为"花中神仙"。海棠在北京的著名景观，有中山公园的海棠大道、元大都遗址公园的海棠花溪。海棠不但具有观赏价值，还具有药用价值、食用价值，如海棠茶、海棠酒、海棠果酱等，除此之外，其更有独特的染色功能。在人与自然的关系中，其充分体现了中国文化物尽其用的理念。因为海棠，中国有了陆游"一枝气可压千林"的名言，有了李清照"试问卷帘人，却道海棠依旧"的千古名句。

图4-5 海棠花

海棠染液萃取过程：① 将采集来的花朵，先用手一个个将花朵与小花托摘分开来，同时将脏物捡出，整个过程要仔细、认真。然后用清水洗去花朵与花托上的浮土，并分别放入不锈钢盆内备用。② 将花朵与花托分别加适量清水覆盖浸泡，并用小火煮到60 ℃后，加入少许食用白醋，用小火煮45 min，煮的过程要不停地翻动，让色素充分释放出来，溶于水中。③ 煮后待凉，用双手将花瓣与花托使劲挤压干，然后用细密的筛子将渣过滤掉，得到染液。

染色步骤：① 将去过浆的面料在清水中浸湿后拧干，展开放入染液中，用小火煮到60 ℃后，再用小火煮约45 min，并不停地翻动，让染液均匀浸入纤维（花与花托染色一样）。② 将面料从染液中拿出，清水漂洗拧干，抖开，晾晒。③ 铜媒染，按媒染剂与水约1:1000的比例进行媒染。媒染后花染面料明显由浅粉色变为赭石色。花托染面料则明显变为绿色。

染色呈现：花染，色泽像花一样，呈淡淡柔柔的浅粉色，雅致、清馨、自然、朴实，同时又高贵、文静、稳重；而花托媒染后的绿色则像露水一般的叶色，色泽鲜亮、明快、淡雅。

第二节　褐色系的植物染料

一、茶叶

茶（图4-6），是山茶科山茶属木本植物。我国拥有广阔的茶源，主要分布在福建、云南、四川、湖北、浙江、湖南、安徽、河南、贵州等省份，福建茶叶产量最多。按照发酵程度，茶叶可分为不发酵茶、半发酵茶、全发酵茶和后发酵茶。红茶就是氧化较完全的全发酵茶，乌龙茶为半发酵茶，绿茶为不发酵茶，黑茶为后发酵茶。茶叶中含有多种化合物，如茶多酚、咖啡因、氨基酸、胡萝卜素、叶绿素、皂角等。茶氨酸是茶叶特有的氨基酸。相关研究结果表明，茶叶不仅具有缓解人体紧张、消除疲劳、扩散思维的功能，还具有明显的降压功效，是日常生活中必备的健身饮料。

图4-6　绿茶

茶色素是茶叶中的重要化学成分之一，因此茶叶也是植物染料的一种，特别是仿旧、仿古效果极佳。茶色素是一类酚性色素，主要以儿茶多酚类化合物经化学反应氧化聚合形成茶黄素、茶红素，进而通过氧化聚合、偶合作用形成茶褐素。有关研究显示，一般随着发酵类茶（如红茶或黑茶）发酵程度的增加，其茶褐素的含量也会随之逐渐增加，与此同时茶黄素和茶红素的含量会随之逐渐降低。

红茶染色色泽最亮，乌龙茶（如铁观音）、黑茶（如普洱）也有不错的色泽，可染得棕色或棕褐色；绿茶中茶黄素含量较高，茶黄色素呈棕黄色粉末，主要是儿茶素及其氧化物，茶黄素溶液随 pH 变化而变化，酸性为亮黄到橙黄，中性变为橙红色，碱性氧化变褐色。茶黄素染真丝、羊毛可得到柔和自然的棕色或棕黄色。不同媒染剂的色相差异较大，在铁媒染作用下，可得到铁灰色。蛋白质纤维与纤维素纤维相比，两者得色差异较大。在蛋白质纤维上能得到黄色调较高的棕黄色，在纤维素纤维上可以获得深浅不同的肉色，色泽纯正，是肤色系列的首选颜色。

茶叶取材便利、操作简单，染色爱好者既可以从市场购置茶色素，又可以充分利用过期的剩茶，大工业化生产也可以利用茶沫和茶叶发酵过程中的茶汤等染色。

二、石榴

石榴（图 4-7），石榴科，落叶灌木或乔木，其果肉呈半透明、多汁，富含柠檬酸，既解渴又能消除疲劳，其皮具有涩肠止泻、杀虫、收敛止血之功效。石榴是人类引种栽培最早的果树和花木之一。现在亚洲、非洲、欧洲沿海、地中海各地，均作为果树栽培，尤以非洲为多。

图 4-7　石榴

石榴皮含有的化学成分为鞣质、石榴皮碱、异石榴皮碱、*N*- 甲基异石榴皮、没食子酸、苹果酸、甘露醇、糖等。因石榴皮中含有鞣花酸类的天然色素物质，故民间早有用其煮水染布的记录。

　　染色爱好者可以自行收集石榴皮，晒干收藏，或者到药店购买药用石榴皮。将收集或购买的石榴皮捣碎，用水泡软，加热煎煮。色素提取时，加入适量小苏打，在碱性水中提取效果更好。

　　石榴皮直接染即可获得土黄色相的良好染色效果，用铁媒染剂获得棕褐色。石榴皮既可高温染，又可低温染，高温染色上色效果更佳，但色相稍显暗淡，低温下色泽纯正。

三、决明子

　　决明子（图4-8）为豆科一年生草本植物决明或小决明的干燥成熟种子。决明子也叫决明、草决明、羊明、羊角、马蹄决明等。其味苦、甘而性凉，具有清肝火、祛风湿、益肾明目等功效。

图4-8　决明子

　　决明子可从药店购买，称取一定量的决明子浸泡在水中（料液比可控制在1∶20），在80℃的水中煮90 min，过滤得到的滤液即为染液。

　　决明子可以染出棕黄色或肉色，蛋白质纤维与纤维素纤维相比，两者得色差异较大。在蛋白质纤维上特别是蚕丝上得到黄色调较高的棕黄色，在纤维素纤维上可以获得深浅不同的咖啡色或肉色，色泽纯正，是肤色系列的首选颜色。不同媒染剂下色相差异较大，从棕黄色到咖啡色变化较大，且色泽明亮，得色浓艳。

四、咖啡

　　咖啡豆（图4-9），是茜草科常绿小乔木或灌木，又名为咖啡树的果实。咖啡是咖啡树果实包裹在最里层的种子（咖啡豆），经过烘焙和研磨后的粉末状物质。咖啡含有丰富的蛋白质、脂肪、咖啡因、蔗糖以及淀粉等物质，制成饮料后香气浓郁、丝滑可口、营养丰富，因而与茶叶、可可共称为世界三大饮料。咖啡产于非洲、印度尼西亚及中南美洲，我国主要产地为台湾、云南和海南等地。

图4-9　咖啡豆

咖啡色素来自咖啡醇和咖啡豆醇一类物质。咖啡染色时会散发出浓浓的芳香，让人沉醉其中，能在染色的布上留下淡淡的醇香。

用咖啡色素染羊毛与蚕丝都可以得到柔和的、舒适的亮肤色，与人体肤色融为一体，皂洗基本不变色，色牢度也好。染羊毛一定要在高温下进行。蚕丝、羊毛、棉在铁媒染剂的作用下色泽发暗、发灰。咖啡对苎麻的上色很淡，因此在不同媒染剂下各色相差异不大。

五、槟榔

槟榔（图4-10）属于槟榔目槟榔科椰子类常绿乔木，生长在热带季风雨林中，喜温、好肥，主要分布在中非和东南亚，如新几内亚、印度、巴基斯坦、斯里兰卡、马来西亚、菲律宾、缅甸、泰国和越南等国。我国引种栽培槟榔已有1500年的历史，海南、台湾栽培较多，广西、云南、福建等地也有栽培。槟榔也是常用中药之一，性温，味苦辛，具有杀虫消积、降气、行水、截疟之功效。

染色爱好者可从药店购置槟榔，采用水煮法提取色素。将干槟榔捣碎，在温水中浸泡一夜，槟榔和水的比例可以控制在 $1:20 \sim 1:10$，在 80 ℃ 的水中煮 90 min，过滤即可得到染液。

槟榔上染效果较差，所以需要在 70 ℃ 以上的高温下进行染色，但即使如此，除了蚕丝上染率稍高，棉、麻、毛的上染率都不是很高。在不同媒染剂的作用下色相变化不大，亚铁媒染剂下色调偏暗。

图 4-10　槟榔果

六、杜仲

杜仲（图 4-11）为杜仲科木本植物，我们通常讲的杜仲是指杜仲的干燥树皮，又名丝连皮、扯丝皮、丝绵皮、棉树皮等，杜仲皮呈深灰色，树体各部折断均有银白色胶丝。杜仲是中国传统名贵药材，其药用历史悠久，具有补肝肾、强筋骨、降血压、安胎等诸多功效。杜仲是我国特有的一种植物，分布于长江中游及南部各省，现四川、安徽、陕西、湖北、河南、贵州、云南、江西、甘肃、湖南、广西等地都有种植。

图 4-11　杜仲

杜仲在羊毛、蚕丝上可染得棕色，在各媒染剂作用下色相差异不大，但在棉、麻上几乎无法染出颜色。另外，因杜仲药用价值大，除非特殊保健作用，应尽量减少其在染色上的应用。

七、紫檀

紫檀（图4-12），豆科，紫檀属，又称青龙木、黄檗木、蔷薇木、花榈木、羽叶檀等。主要分布于我国台湾、广东、云南南部等地。

图4-12　紫檀木

我国认识和利用檀的历史十分悠久，《诗经》中就有"坎坎伐檀兮"的记载。檀有数种，木材极香，可制香料，也可制器物，入药，以及作为染料用。《本草图经》曰："紫檀有数种，黄、白、紫之异，今人盛用之。"叶廷珪著《香谱》云："皮实而色黄者为黄檀，皮洁而色白者为白檀，皮腐而色紫者为紫檀。"晋代崔豹《古今注》载："紫檀木，出扶南、林邑，色紫赤，亦谓之紫檀也。"紫檀木质坚硬质密，心材为红色，可染色。明代曹昭所撰的《格古要论》记载："紫檀，出交趾广西湖广，性坚，新者色红，旧者色紫，有蟹爪纹，新者以水湿浸之，色能染物。"

在紫檀染出的颜色中，原色是各个色阶的驼色，在棉、麻、毛面料上的色彩倾向于橘驼色，在蓝矾和绿矾的作用下，色彩更加灰暗。

第三节　黄色系的植物染料

一、栀子

栀子（图4-13），茜草科栀子属，主要分为山栀子和水栀子两个大品类。山栀子的果实呈椭圆形或卵圆形，长1.5～3.5 cm，直径1～1.5 cm，外表为黄棕色或红棕色，有药用价值，具有清热利尿、凉血解毒、护肝、利胆、消肿等功效。水栀子果实呈长椭圆形，比山栀子大，长 3 ～ 5.5 cm，直径 1.5 ～ 2 cm，外表为红褐色或红黄色，适用于染色（注：下面说的栀子指的都是植物水栀子的干燥成熟果实）。

图 4-13　栀子

秦汉时主要用栀子染黄，《史记·货殖列传》曰："带郭千亩亩钟之田，若千亩厄茜……此其人皆与千户侯等。"意为郊外有亩产一钟的千亩良田，或者千亩栀子、茜草……诸如此类的人，其财富都可与千户侯的财富相等。成书于东汉末年的《汉官仪》记有："染园出栀、茜，供染御服。"由此可看出栀子是当时非常重要且贵重的染料。

水栀子果实中含有栀子黄色素，易溶于水，属酸性染料，最适合真丝、羊毛这类蛋白质纤维染色，栀子黄非常靓丽华美，不需要媒染，染色工艺简单。用栀子果实磨成的粉上色既快又艳。栀子染浓稠的赤黄，奔放而热烈，带着成熟的魅力直击人心，栀子黄在阳光下微微泛红光，其缺点是不耐日晒和浸泡水洗，上色容易但褪色也快。

二、黄檗

黄檗（图 4-14），别名黄柏、檗木、黄檗木，芸香科黄檗属，主要产于我国华北、东北地区。《说文解字》载："檗，黄木也。"树皮内层经炮制后可入药，黄檗含小檗碱，有较强的抗菌作用，有泻火解毒、清热燥湿、泻肾火等功效。

黄檗色提炼过程简单，将树干热煮加明矾媒染即可，其还具有驱虫防蛀的功效，因此，古代的黄檗染色很盛行，除了染制衣服，还用黄檗染黄麻纸。唐代诗人李贺曰："头上无幅巾，苦檗已染衣。"南朝宋诗人鲍照的《拟行路难》曰："锉檗染黄丝，黄丝历乱不可治。"《天工开物·彰施》中记载了三种黄檗的染色："鹅黄色：黄檗煎水染，靛水盖上。""豆绿色：黄檗水染，靛水盖。今用小叶苋蓝煎水盖者，名草豆绿，色甚鲜。""蛋青色：黄檗水染，然后入靛缸。"采用的都是黄檗加蓝靛的套染形式，单纯的黄檗色极其明艳，其最大的缺点就是抗晒效果差，与蓝靛套染之后能够提高抗晒性。

图 4-14　黄檗

　　黄檗可染出最为纯正的亮黄色，极为悦目，但稳定性差，不耐晒，在日光下容易褪色，或产生一些化学反应而变暗，变成黄棕色。维生素C 为天然抗氧化剂，可以在黄檗染料中加入维生素 C 进行染色，还可以运用维生素 C 溶液在黄檗染完成并阴干之后，再进行后期浸泡处理。使用第一种方法染出的真丝顺纡绉长巾，颜色更鲜亮，其明亮的黄色有着让人神摇目夺的明媚和惊艳。黄檗染即使做过抗晒处理，其耐晒性还是不如槐米，因此在服饰设计中要慎用黄檗黄色（注：维生素 C 与水的浓度配比为 4 g/L）。

三、槐米

　　槐米（图 4-15）指国槐树的花蕾，《本草纲目·木之二》中李时珍说槐米"其花未开时，状如米粒，炒过煎水染黄甚鲜"。炒槐米，就是将新鲜槐米加热干炒，去除水分后可长期保存。槐米染色适宜采用先染后媒的方式，棉麻、丝毛均可染，丝毛效果最佳。

　　茧黄色：真丝围巾，槐米初染液，先染后媒，呈现出温柔平和、淡然从容的茧黄色。

　　槐米黄绿：槐米黄绿为槐米的典型色，非常像新鲜槐米的本色，带着香甜的田园气息，恬淡而柔和。

　　金瓜黄：槐米染饱满的金黄，带着愉悦的灿烂芳华，好像散发着沁人心脾的清香，观之令人心旷神怡，此色也叫金瓜黄，只在纯羊毛围巾上呈现过。毛织物最佳染色温度为 70 ～ 80 ℃，染料与水的浓度为 10 g/L，先染后媒。

图 4-15　槐米

　　蝶黄：指黄色蝴蝶兰的亮黄偏绿色，其色有着引人注目的娇嫩、洁净，蕴含着风华正茂般的光彩，让观者心情舒畅，不由自主地快乐起来。

　　初熟杏黄：杏黄为黄色微红的中国传统色彩，初熟杏黄比成熟的杏黄色要浅，没有泛红，如槐米染羊绒衫，这个颜色能凸显出羊绒温暖柔和的质感。

四、柘木

　　柘木（图 4-16），又名桑柘木、柘桑、黄桑等，桑科植物，是古时的名贵木料。柘木也具有中药价值，能通肾气，还有化瘀止血、清肝明目等功效。柘树广泛分布在华南、华东、西南，以及河北以南地区。

图 4-16　柘木

用柘木汁液染得赤黄色，又称柘黄或赭黄，自隋唐以来为帝王的服色，而且是中国古代很长一段时间内皇帝服装的专用色。明李时珍《本草纲目·木三·柘》载："其木染黄赤色，谓之柘黄，天子所服。"柘黄在古文献中经常出现。文献记载柘木全株中含有黄酮、生物碱及多糖等多种成分，其中槲皮素、三羟基二氢异黄酮等均有可能是染料成分。专家推测，制作柘木弓时废弃的大量柘木屑，一定会引起染匠的注意，从而取之试着染色。柘木染出赭黄色，其色为土地之色，为"五方正色"之中央，非常高贵，故为皇家御用之色彩。

五、姜黄

姜黄（图 4-17）为姜科植物姜黄的根茎，别名毛姜黄，分布于亚洲东南部，我国主要集中于南部及西南部。姜黄具有抗皮肤真菌、抗病毒和消炎作用，是中国较早使用的药材。

图 4-17　姜黄

姜黄也是一种传统的天然染料，其主要成分是姜黄素，具有强烈的辛香味。姜黄素是一种取自姜黄根茎中的色素，呈橙黄色晶体，属于酚类衍生物（二酮类物质），几乎不溶于水或乙醚，可溶于酒精、冰醋酸及碱溶液中。姜黄素在不同的 pH 下，色相变化较大，遇碱呈红棕色，遇酸则呈现亮黄色。由于姜黄可以防虫杀菌，非常适合妇女、儿童内衣及床上用品的染色。

染色爱好者可以从药店购置晒干的姜黄。称取一定量的姜黄将其粉碎，然后投入水中（姜黄和水的比例可以控制在 1 : 40 ～ 1 : 20 之间），加入少量烧碱以提高姜黄的溶解度，在一定的温度下浸泡一定时间（在如 80 ℃ 的水中浸泡 60 min），姜黄可煎煮两次。黄色的日晒色牢度稍差，可以反复染多次，或用作红花、洋葱染色前的底染物。

姜黄是最常用的黄色染料之一，可以直接染色，也可媒染。直接染获得亮黄色，铁媒染获得棕红色。对棉、毛、丝、麻、羊绒均有良好的染色效果。

六、黄洋葱

黄洋葱（图4-18），葱科，多年生草本植物，又名葱头，有甘味洋葱和辛味洋葱两类，为老百姓饭桌上的大宗蔬菜之一。洋葱原产于中亚、伊朗、巴基斯坦一带，现全世界均有栽种。因洋葱具有刺激性辛味，有驱虫的功效，含有大量的维生素A、维生素C、维生素B及钙、磷、铁等微量元素，具有很强的杀菌能力。平日可以从菜市场收集被丢弃的洋葱外皮，将其干燥后保存。

图4-18　黄洋葱

黄洋葱外皮中含有大量黄色素，可作黄色染料，即使不用媒染剂，也可染出浓艳的颜色。制备染液时，洋葱皮可重复煎煮2～3次，将几次提取液混合后进行染色，若要颜色淡一些可减小料液比（如1:40）。黄洋葱肉亦可用于染色，只是与外皮中的色素含量相比，肉中的色素含量明显降低，如果想染得浓艳的颜色，可以采用稍大的料液比（如1:10甚至1:5）。

黄洋葱皮对棉、麻、毛、丝织物都有极佳的染色效果，即使在低温下也能很好地上染，尤其表现出对棉织物的优异性能，而且在不同媒染剂的作用下的色相变化较大，呈现从黄色到棕褐色的颜色变化。黄洋葱肉的染色效果更加吸引人，不加媒染剂的直接染会获得淡黄色，在媒染剂的作用下可获得多变的色相，铜媒染剂可染出亮丽的黄绿色，铁媒染剂可染出棕黄色，铝媒染剂可染出亮丽的黄色。

七、黄连

黄连（图4-19），毛茛科多年生草本植物，别名川连、姜连、川黄连、姜黄连等，地下根茎可药用也可作染材。黄连是中国传统的黄色染材之一，也是非常重要的中药材，其根茎含多种生物碱，主要是小檗碱，有清热燥湿、泻火解毒之功效。我国黄连的主要产地为四川、湖北等地。

图4-19 黄连

黄连无媒染可得鲜艳的黄色，特别是对蚕丝染色可获得浓郁的金黄色，与光亮的绉缎相配合，金光闪闪，光芒四射，尽管黄连价格稍高，但其在蚕丝上的黄色是与众不同的。棉、麻织物染色后，色泽朴实、敦厚；羊毛在高温下染色，色相变得更加浓重；棉、毛、丝、麻均有良好的染色效果。

八、大黄

大黄（图4-20）是多种蓼科大黄属的多年生草本植物的总称，又名火参、蜀大黄、土牛膝、生军、川军等。在中国，大黄多指马蹄大黄，以药用为主，具有攻积滞、清湿热、泻火、凉血、祛瘀、解毒等功效。主要分布于陕西、甘肃、青海、四川、云南及西藏等地区。大黄的主要成分是大黄素、大黄酚和大黄酸，还含有大黄鞣酸及其相关物质，其中大黄素和大黄酸是抗菌的有效成分。大黄所含鞣质具有极好的抗氧化作用。大黄因含有大黄素而呈黄色，大黄色素属于蒽醌类化合物。

图4-20　大黄

　　大黄对蚕丝上染效果最好，直接染便可获得鲜黄色，色相与红花黄非常接近，比红花黄稍显暗淡。大黄在低温下就可对羊毛进行染色，色泽浓艳、纯正。棉、麻上染色相与蛋白质纤维相比差异较大，黄光减弱，色相呈棕黄色。在不同媒染剂作用下的染色色相，除了铁媒染剂稍暗一些，其他差异不大。

九、黄栌

　　黄栌（图4-21），漆树科，黄栌属，亦作"黄芦木"，别名"红树叶""黄道栌"，落叶灌木或小乔木，木材呈黄色，分布于北温带。黄栌的药用价值很广泛，其根、木材及叶均可入药，木材中含有的化学成分能够清热解毒，还能消炎消肿、止疼。

图4-21　黄栌木

木材中含硫黄菊素及其葡萄糖苷，又含杨梅树皮素及没食子酸等鞣质成分。染色爱好者可以从药店购买黄栌木，采用水煮法提取黄栌色素。称取一定量的黄栌木材，粉碎后加入一定量蒸馏水（黄栌和水的比例可以控制在 1∶100 ～ 1∶50），室温浸泡 6 ～ 8 h 后，水煮、过滤得到染液。黄栌色素需在媒染剂的作用下上染，在铜、铝媒染剂的作用下得到榴黄色，在铁媒染剂的作用下得到灰黄色。高温下蚕丝、羊毛上染效果较好。料液比从 1∶100 增加到 1∶50，布面颜色不断加深。

十、黄芩

黄芩（图 4-22），唇形科多年生草本植物，别名山茶根、土金茶根，其根茎干燥后为传统中药材，具有清热燥湿、泻火解毒、止血、安胎、降血压等功效。黄芩分布于我国北方各省区，如河北、辽宁、陕西、山东、内蒙古、黑龙江等地。朝鲜、俄罗斯、蒙古、日本等国也有种植。

图 4-22　黄芩

现代医学研究证明，黄芩根含黄酮类化合物，具有广谱抗菌作用，对多种细菌、皮肤真菌等都有抑制作用。因此黄芩染出的黄色衣物，也有一定的杀菌作用，适合妇女、儿童使用。

黄芩染色时，在铝、铜媒染剂的作用下得到黄色，其中铝媒染剂得色较明亮，在铁媒染剂的作用下得到棕黄色，直接染为浅黄或灰黄色。在不同媒染剂的作用下色相差异较大。总体来说，得色较沉稳。

第四节　绿色系的植物染料

一、紫洋葱

洋葱气味辛辣，能刺激胃、肠及消化腺分泌，增进食欲，促进消化，在国外被誉为"菜中皇后"。洋葱有白、黄、红、赤褐、紫等不同颜色，尤其是紫洋葱营养价值更高，它含有的抗癌及分解脂肪作用的花青素成分是一般洋葱的 30 倍。因此，用紫洋葱皮染出的颜色与黄洋葱皮不同（图 4-23）。

图 4-23　紫洋葱

紫洋葱皮对棉、麻、毛、丝织物的染色效果极佳。在各种媒染剂的作用下，可获得军绿色或墨绿色。其中料液比为 1∶80 染得的颜色稍显亮丽。媒染与直接染（棕黄色）相比颜色差异很大。紫洋葱皮中含有丰富的花青素，即使在料液比为 1∶80 的染液中，亦可获得较浓郁的绿色。

在低温下，用紫洋葱肉可以染出娇嫩的绿色，但在无媒染剂的情况下仅显淡黄色，在铜、铝媒染剂的作用下棉、麻、毛、丝样品都呈现嫩绿色，颜色艳丽、漂亮。在铁媒染剂作用下的染色产品呈现灰绿色。棉、麻、毛、丝样品染色效果均佳。由于洋葱种植面积大、产量高、价格不贵，特别是紫洋葱肉有着诱人的绿色，染色爱好者不妨对其进行色素提取。

二、荩草

荩草（图 4-24），本科一年生细柔草本植物，叶片为卵状披针形，生于竹叶生草坡或阴湿地。其茎叶可药用，茎叶液可作黄色、绿色染料。古代又名菉（绿）竹、王刍、王蒭、戾草、竹叶菜、鸭脚莎等。周代对荩草已有使用。荩草色素成分为荩草素，属黄酮类衍生物。黄酮类化合物可直接浸染织物使之着色染黄，亦可以在染液中加媒染剂后使织物着色。荩草液直接浸染丝、毛纤维可得鲜艳的黄色，与靛蓝复染可得绿色。从荩草又名绿来看，古代多用它与靛蓝复染。《诗·豳风·七月》载："八月载绩，载玄载黄。"《诗·邶风·绿衣》载："绿兮衣兮，绿衣黄裳。"此玄、绿、黄皆指颜色，说明这些颜色在当时已使用得较为普遍。《诗·小雅·采绿》载："终朝采绿，不盈一匊。"郑笺云："绿，王蒭也，易得之菜也。"此诗当作于幽王之时。《离骚》载："薋菉葹以盈室兮。"此"绿""菉"皆指荩草，说明荩草在当时已是为人们熟知之物，"采绿"也是一项较为普遍的活动。《解文说字》载："荩，草也，可以染留黄。"留黄，又作流黄。由此看来，当时用荩草染黄、染绿都是有可能的。

图 4-24　荩草

染色方法：切长度 1～2 cm 的荩草 1 kg，放入容器中，加水 10 L，在室温下浸渍 2 h 后，加热煮沸 1 h，过滤得抽出液。再加入 8 L 水沸煮 1 h，搅匀作染液。取润湿的丝绸 5 m，置入染浴中并迅速翻动，染色 5 min，提出染绸，染浴中加入米醋 40～50 mL，调至 pH 约 6，再染色 30 min。另在 60 ℃ 的 1 L 水中加入 30 g 明矾，5% 碳酸钠溶液 100 mL，与 30 L 温水调成媒染液，将染色后丝绸放入媒染浴中媒染 20 min，水洗，阴干。以荩草染得的黄色丝织物，用深浅不同的靛蓝套染，可以得到黄绿或绿色。

三、槐花

槐花（图 4-25）为豆科、槐属、落叶乔木，槐树的花朵及花蕾，具有凉血止血、清肝泻火的功效，也是古代珍贵的黄色植物染料之一。槐树在很多国家都很常见，尤其是在亚洲，原来在我国北部较为集中，在华北平原及黄土高原海拔 1000 m 高地带均能生长。目前，北至辽宁，南至广东、台湾，东至山东，西至甘肃、四川、云南都有槐树栽种。

图 4-25　槐花

槐花富含芸香苷（芦丁）、槲皮素、鞣质，为色彩艳丽的黄色染料。槐黄素和红花素类难溶于冷水，但可溶于热水和酒精。明代宋应星所著的《天工开物》中记述了槐花作为黄色染料的染色技法，内容翔实，方法成熟。

黄槐花亦可获得较为明亮的黄色。直接染颜色稍浅淡，铝媒染颜色亮丽，铜媒染可得到金黄色，铁媒染可得到棕黄色，因此，用不同的媒染剂可得到不同色系的黄色。槐花对棉、麻、毛、丝均有良好的染色效果，对蛋白质纤维的染色效果优于纤维素纤维。经槐花染得的黄色织物，再与蓝草套染，可染得艳丽的宫绿和油绿色织物，十分名贵。

第五节　蓝色系的植物染料

一、蓝草

蓝草是一种有着 3000 多年历史的植物染料，学名 Polygonum tinctoriumL.（蓼蓝），是植物染料中应用最早、使用最广的一种。战国时期荀况的千古名句"青，取之于蓝而青于蓝"就源于当时的染蓝技术。这里的

"青"是指青色，"蓝"则指制取靛蓝的蓝草。在秦汉以前，蓝草的应用已经相当普遍。蓝草经发酵提炼出靛蓝染料，含有靛蓝的植物主要有蓼蓝（图4-26）、菘蓝、马蓝和木蓝。明代李时珍在《本草纲目》中云："凡蓝五种，茶蓝、蓼蓝、马蓝、吴蓝、苋蓝。"后人总结为四类：菘蓝，十字花科，又名茶蓝、大青叶，二年生草本植物，适应性较强，耐寒，比较适合在北方种植，所以也被称为"北板蓝根"，明代之前被广泛使用；蓼蓝，蓼亚科，一年生的草本植物，蓼蓝史称吴蓝，蓼蓝小叶者，俗名苋蓝；马蓝，爵床科，板蓝属草本植物，多年生；木蓝，豆科，木蓝属，又名冬蓝、槐蓝。蓝草生长于亚洲、非洲等地，我国的四川、贵州、云南、江苏、浙江、福建、台湾等地都有种植。

图4-26 蓝草植物（蓼蓝）

各种蓝草都有药用价值。蓝草中的菘蓝（根）就是板蓝根，有清热、解毒、消炎的功效。李时珍在《本草纲目》中说，"蓝凡五种，辛苦、寒、无毒""止血、杀虫、治噎膈"。我国少数民族地区喜好靛蓝染的织物，也是因为其对于刺刮、草割引起的皮肤伤痛以及虫咬、烂疮等皮肤病可起到消炎止痒的作用。

蓝草中所含的靛蓝，是一种特殊的还原染料，在中国的古籍中早有记载。《诗经》中有明确的采摘记载，北魏贾思勰所著《齐民要术·种蓝》一书中记载了世界上最早制蓝靛的主要工艺操作。通过制靛技术，使蓝草的使用不再受季节限制，一年四季均可使用。

通常说的靛蓝染料，泛指来自蓝草的植物靛蓝和人工的合成靛蓝，本书仅指植物靛蓝。靛蓝染料中并非只含有靛蓝一种有效组分，通常含有靛蓝、靛玉红、靛红三个主要成分，三者均为吲哚类化合物，可相互转化，靛红可由靛白或靛蓝经氧化而制得，靛玉红是靛红的衍生物，同时靛玉红与靛蓝为同分异构体。

使用靛蓝前，还有一个发酵还原过程，即染液的准备过程。首先在染缸中放入靛泥，逐渐加入石灰水浆，配成染液，再分多次加入米酒或酒糟（存放时间越长越好）使其发酵，反复搅拌，使靛蓝还原成靛白溶于碱性染液。发酵数日后，若缸中液体出现浓厚黏稠的泡沫，液体的颜色呈黄绿色（因靛白为淡黄色），染液即制成。

染色时先将待染织物漂洗干净，拧干后放入染缸中染色，根据季节不同与织物厚重程度可适当加热（40 ℃以下），捞出后透风待靛白氧化完全、布面颜色不再加深时再浸渍，再捞出透风。如此反复多次后，将织物捞出洗去靛渣，然后将织物晒干。这样染色过程就结束了。有时染色过程要重复多次，才能得到较深、较牢的蓝青色。蓝靛染出的色相，民间有毛蓝、深蓝、冬、月白、中白、白、灰七色的叫法。蓝靛色泽浓艳，朴素优雅，千百年来一直深受人们的喜爱。

需要注意的是，染液内的乳酸不可积聚太多，否则会影响酵母菌等微生物的生存和繁殖，影响发酵还原过程的顺利进行，甚至使染液遭到破坏。因此，对于棉、麻纤维的染色，在靛蓝的发酵还原染液内必须加入石灰等碱性物质，以中和乳酸并使靛白溶解。当然石灰用量不宜过高，否则也会妨碍酵母菌的繁殖，影响发酵还原的顺利进行。由于丝毛蛋白质纤维能吸附乳酸，因此丝、毛用靛蓝发酵染色时，即使染液内不加碱性物质，也可获得满意的染色效果。

二、栀子蓝

栀子蓝色素（图4-27）是将栀子果实放入水中提取的黄色素，经酶处理后生成蓝色素，其成分、性状同栀子黄。染色爱好者可从市场上购置栀子蓝色素，其外观为蓝色粉末状，易溶于水，含水乙醇。栀子蓝在媒染剂的作用下可以对棉、毛、丝、麻上染蓝色，在无媒染剂的情况下上色很淡，不同媒染剂对其色相的影响不大。栀子蓝对蛋白质纤维染色能力优于纤维素纤维，但无论是对蛋白质纤维染色还是纤维素纤维染色，其效果都远不如栀子黄，故要获得较深的颜色，需增加染色时的染料浓度 —— 该色素染料（o.w.f.）正常使用的浓度质量分数为4% ～ 5%。栀子蓝与栀子黄混合后可染绿色，配比时要注意要适当增大栀子蓝的用量。

图 4-27 栀子蓝色素

三、牵牛花

牵牛花（图4-28），旋花科，牵牛属，一年生草本缠绕植物，又名喇叭花、碗公花，其花的颜色有蓝、绯红、桃红、紫等，亦有混色，花期在 6—10 月，朝开午谢，常见庭院栽培，用于观赏，亦有野生。牵牛花的种子可入药，性寒，味苦，有逐水消积功能，对水肿、腹胀、脚气、大小便不利等病症有特别的疗效。我国各地普遍栽培。

图 4-28 牵牛花

牵牛花的色素主要存在于花冠处，蓝紫色、蓝色的牵牛花染出的颜色独特。因其色素较少，需一次采集较多的牵牛花进行染色（料液比1∶5左右），通常现采现染，也可在冰箱中暂存一两天。

牵牛花对棉、麻上染效果比较差，对毛、丝上染效果较好，并且需要借助媒染剂上染；染色时，低温可获得较鲜艳的颜色，各种媒染剂媒染后可得到蓝色和蓝绿色。

第六节　紫色系的植物染料

一、紫草

紫草（图 4-29）为紫草科多年生草本植物，根粗壮，呈深紫色。紫草根含有紫色素，李时珍曰"此草花紫根紫，可以染紫"，是古代染紫色的重要染料。紫草亦是好药材，可制成紫云膏，治疗肿伤、烧伤、冻伤、水泡等皮肤外伤与湿疹。

图 4-29　紫草根

紫草是典型的媒染染料，色素的主要成分是萘醌衍生物类的紫草醌和乙酰紫草醌，这两种紫草醌的水溶性都不好，需要用酒精（乙醇）进行提取。染色爱好者可从药店购买紫草。首先将紫草根洗净切碎，按一定比例加入酒精，加热升温到 60 ℃左右，搅动、搓揉、挤压紫草根，使紫色素更快溶解于溶液中，过滤出植物残渣后即得染液。染色温度在 40～60 ℃较为适宜，高温会使紫草色素分解。要获得深紫色，需反复染多次。

紫草在不同媒染剂的作用下色相变化很大，其中在铝媒染剂下可获得艳丽的紫色，这是所有染料中非常独特的一个颜色，在铁媒染剂作用下获得灰黑或蓝灰色，铜媒染剂作用下在纤维素纤维与蛋白质纤维上得到不同的色泽。紫草的紫色大大丰富了植物染料的色相，使其成为不可或缺的一个染料。

二、紫米

紫米（图4-30）为水稻的一个品种。全国仅有湖南、陕西、四川、贵州、云南有少量栽培，是较珍贵的水稻品种。它与普通大米的区别在于它的种皮有一薄层紫色物质。将紫米浸泡液（浸泡一夜）用于染色，既不浪费，又可以获得所需的颜色。

图4-30 紫米

紫米外皮中含有花青素，低温染色可获得紫色，且在不同媒染剂作用下能呈现不同的颜色，色相差异较大。其中，加铜媒染剂呈现蓝灰色、蓝绿色，铝媒染剂染色产品呈现蓝紫色，铁媒染剂染色产品呈现中深色调的灰色。棉麻、羊绒、丝样品染色效果优良。

三、紫甘蓝

紫甘蓝（图4-31）又称红甘蓝、赤甘蓝，俗称紫包菜、紫圆白菜，为十字花科芸薹属甘蓝种中的一个变种。因它的外叶和叶球都呈紫红色，故得此名。紫甘蓝是百姓家中常食的蔬菜之一，营养丰富，富含维生素。紫甘蓝产量高，南方除炎热的夏季，北方除寒冷的冬季外，均能栽培，在我国北方地区，尤其是山东省内栽培较多。

图4-31　紫甘蓝

可食用的紫甘蓝中的主要色素是一种具有药用价值的天然色素——花青素，它是一类水溶性天然色素，属于黄酮多酚类化合物，具有较强的抗氧化作用，能清除体内自由基，有助于细胞更新，增强人体活力，有一定医疗和保健作用，在很多领域都可以应用。花青素在不同的 pH 下呈现不同的颜色，易溶于水、乙醇、甲醇等极性化合物，不溶于氯仿、乙醚等非极性有机溶剂。

将从市场上购买的紫甘蓝（外皮）洗净切碎，称取一定量的紫甘蓝投入水中（料液比最好控制在 1 : 10 以内），在80 ℃的水中煮 90 min，过滤后的滤液即为染液。

紫甘蓝对蛋白质纤维的上染效果优于纤维素纤维。在无媒染剂的情况下，较难上色，特别是在低浓度下更难上色。但在媒染剂的作用下，可获得不同的蓝色调，铜、铁媒染剂的作用下呈蓝绿色、蓝色，铝媒染剂的作用下呈蓝紫色。

紫甘蓝中含有花青素，染色最好在较低温度下进行，羊毛高温染色时色相会有所变化。同时，紫甘蓝在从酸性到碱性的不同 pH 下有所变化，颜色从红色变为紫色再变成蓝色，因此要注意染色时和皂洗或服装洗涤时的酸碱情况。

四、葡萄

葡萄（图 4-32）是葡萄科落叶藤本植物葡萄的果实，别名提子、蒲桃、蒲萄、草龙珠等。葡萄品种繁多，有白、青、红、褐、紫、黑等不同果色。葡萄的果实不仅糖分多，还含有多种对人体有益的矿物质和维生素，具有增进人体健康和治疗神经衰弱及过度疲劳的功效。现代医学研究表明，葡萄还具有防癌、抗癌的作用。葡萄皮中含矢车菊素、芍药素、飞燕草素、矮牵牛素、锦葵花素、锦葵花素 -3-β- 葡萄糖苷等，其中的色素主要由花青素、黄酮组成。全球葡萄主要分布于亚洲、欧洲、北非等区域，我国长江流域以北各地均有种植，主要产于新疆、甘肃、山西、河北、山东等地。

图 4-32　葡萄

染色爱好者用葡萄皮染色时，既可以从市场上购买葡萄皮色素直接染色，也可以在食用葡萄之后将葡萄皮收集起来晒干或放在冰箱里冷藏以备染色使用。提取葡萄皮色素或染色时，注意温度不要太高以防破坏花青素的颜色。

葡萄皮不宜高温染色，故需高温染色的羊毛不适用。在不同媒染剂的作用下色相变化不大。

第七节　黑色系的植物染料

一、五倍子

五倍子（图 4-33）又名百虫仓、百药煎、棓子，是一种蚜虫寄生于漆树科植物花蕾旁边或树皮上，树皮受到蚜虫的刺激而形成肿瘤状突起的虫瘿，经烘焙干燥后获得。严格地说，五倍子属于动物染料。我国五倍子的主要产地集中分布于秦岭、大巴山、武当山、巫山、武陵山、峨眉山、大娄山、大凉山等山区和丘陵地带。五倍子中含有丰富的鞣酸（又称单宁酸），可用于染色，当鞣酸和铁离子结合时，可将纤维染成棕黑色。五倍子具有收敛止血、抗菌、解毒等功效，试验表明，其对金黄色葡萄球菌、链球菌、肺炎球菌以及伤寒、副伤寒、痢疾、炭疽、白喉、绿脓杆菌等均有明显的抑菌和杀菌作用。

图 4-33　五倍子

　　五倍子与铁、亚铁离子结合染出棕黑色，亚铁与铁离子媒染剂染出的色相差异不大，与铝、铜离子等媒染剂染得棕黄色。增加染色次数、增加媒染剂浓度或增加染液浓度，均可获得棕黑色。五倍了是中国古代染黑的主要染料。

二、薯莨

　　薯莨（图 4-34），藤本，粗壮，长可达 20 m 左右，为薯蓣科蔓性多年生草本植物。其块茎一般生长在表土层，为卵形、球形、长圆形或葫芦状，外皮为黑褐色，凹凸不平，断面新鲜时呈红色，干后呈紫黑色。分布于浙江南部、江西南部、福建、台湾、湖南、广东、广西、贵州、四川南部和西部、云南等地。具有活血止血、理气止痛、清热解毒的功效。

图 4-34　薯莨

薯莨因含有大量的单宁酸，染色效果佳，是中国最早被用作织物整理的"天然树脂"。著名的香云纱、黑胶绸产品就是采用薯莨的汁液对丝绸进行染色，之后在空气中氧化成褐红色，再用含铁盐的河泥涂覆织物表面，绸面由褐红色变为褐黑色，经水冲洗后，织物一面呈褐红色，一面呈乌亮的褐黑色。香云纱穿着不贴身，凉爽舒适。薯莨是中国传统的黑褐色染料。

薯莨染料的提取也可以用水煮法。将薯莨根茎块切片、捣碎，水煮2～3次，煮液合并过滤，得到染液。中国古代多用薯莨染真丝和麻织物，事实上，棉花、羊毛亦可染出很好的颜色。

三、诃子

诃子（图4-35），又名诃黎勒、诃黎、随风子，为使君子科榄仁树属植物诃子的干燥成熟果实。主要分布于云南等地。诃子含有鞣质、多酚、多糖、挥发油等化学成分，具有抗菌、收缩血管、提高免疫的功能。

图4-35 诃子

植物中的鞣质又称单宁，是一类结构十分复杂的多酚化合物，在空气中易氧化聚合，也容易络合各类金属离子。单宁首先与铁盐在纤维上生成无色的鞣酸亚铁，然后被空气氧化成不溶性的鞣酸高铁色淀，所以染色牢度非常好。各种鞣质用铁盐媒染大都可得黑色。

诃子在亚铁媒染剂作用下，形成铁灰色，多次反复染可以得到黑灰色。亚铁和铁媒染剂作用下色相相差不大。

四、核桃

核桃（图4-36），落叶乔木，原产于近东地区，又称胡桃、羌桃，与扁桃、腰果、榛子并称为世界著名的"四大干果"。《本草纲目》记载胡桃的核仁、油胡桃、胡桃青皮、树皮都有药用价值，而核桃进行染色的部分是核桃果实成熟前的核桃青皮，也叫青龙衣。以60 ℃的水为萃取剂，水与青皮质量比为1：5，可对晾干的核桃外果皮（青皮）中的褐色素进行提取，得到褐色素浸膏。这种色素可用于面料、食品的着色。

图4-36　核桃

核桃青皮染出来的颜色整体呈现棕褐色，加铁媒染剂逐渐过渡到黑色，在真丝和毛面料上表现出的色彩更加浓重。

中国古代先民在长期的生活和生产实践中，摸索并掌握了各类植物染料的提取及染色工艺技术，运用大自然中可持续循环收获的植物原料，创造出了缤纷多彩的纺织品，形成了独具特色的植物染文化。上述列举的红、褐、黄、绿、蓝、紫、黑色系的植物染料只是各个色系的代表性植物染料，在实际应用中，还可能发掘出更多可以进行染色的植物原料，同一种植物染料在不同媒染剂的作用下还会有成色的变化，这也是植物染的魅力所在。

第五章　植物染的传统手工染色工艺

　　传统的植物染手工染色工艺以天然植物为主要染料，采用精妙细巧的手工工艺制作图案纹样，作品大都色彩丰富、对比强烈，展现出我国传统的审美意趣，表达着人民的思想感情。传统手工染色工艺中最具代表的是扎染、蜡染和夹染。扎染工艺遮挡部分面料保留底色，裸露于颜料中的面料着色，以此形成染色图案。扎染的技法多变，色彩的晕染丰富随意，具有抽象审美意趣。蜡染以熔蜡遮挡面料，使暴露面料着色，利用蜡染工艺可以制作图案丰富的多色面料。夹染是指用两块或两块以上花纹对称的印版夹住织物进行防染印花的工艺。当两块对合的印版是凸纹时，印染时只将凸纹处对合夹住的织物置入染液染色即可，凸纹处防染而余下部位染成色彩。上述三种工艺是我国传统植物染手工染色工艺的代表，它们具有丰富的审美价值、文化价值和实用价值。

第一节　扎染

一、扎染的图案纹样

　　图案纹样指的是扎染制品中的纹样或图形。图案是物象的主要特征，可通过合并、变形等艺术手法的处理，并用典型、概括或夸张的表现方式，塑造出有代表性的、有象征意义的图纹样式。纹样是以纹的方式记录历史与文化的形式，在文字诞生之前，它从充当文字的方式记载历史，并孕育了文字。纹样，"纹，绫也"[①]，"纹"的本意是指丝织物，"样"指形状模样，即图案具体的造型式样。"纹样"则是指丝织物上的纹路或花纹，也泛指皱纹、痕迹、纹路等现象。图案纹样的设计是制作扎染制品的第一步，对扎染工艺每个工艺流程的顺利进行都至关重要。

---

① 　朱莉娜. 手工印染技法 [M]. 上海：东华大学出版社，2016：19.

（一）扎染图案纹样的造型构成

1. 扎染图案纹样的造型

扎染图案纹样的造型是指在制品中选用何种纹样并以何种方法呈现的问题。其造型手法主要有以下几种。

（1）折叠手法

运用折叠手法制作出的为二方连续纹样。二方连续纹样是由一个单位纹样作横向或纵向的反复排列而形成的连续纹样。扎染二方连续纹样的单位纹样比较简单，一般是纯粹的几何形式的点和线。这些单纯的点或线由于在折叠及煮染过程中会出现微妙的形和色彩变化，使之虽然不像其他作品中二方连续纹样的单位纹样那样规范，但其自由、活泼的风格突出显现了扎染手工制品的独特意味。

（2）撮扎手法

运用撮扎手法制作出的基本上是圆形、放射状结构。如果扎结的力度适宜、褶皱均匀，纹样既抽象又别致，更不失扎染特色。如果再与变化的色彩巧妙配合，其纹样的造型更是奥妙无穷、耐人寻味。

（3）串扎撮扎手法

运用串扎撮扎手法制作出的图案纹样多半是具象成分较重的一种造型。用串扎手法是在设计好的图案纹样的轮廓线上用钢针缝缀拉紧防染而形成的图案纹样，如具象的动物、植物形象，经串扎后定型，然后撮起扎结防染，即形成所需要的图案纹样。

（4）薄铝合金造型

薄铝合金造型指的是把具有造型意味的铝合金片，贴在经折叠的纺织品上、下两面，用夹子夹紧，经煮染之后呈现的单独纹样。这是介于具象与抽象之间的一种图案纹样，主要依托外垫的铝合金片剪出的形象，适于表现植物花卉放射状花瓣开放的形象，再加上边缘部分形成的色彩退晕，确实别有一番风趣。

2. 扎染图案纹样的构成

图案纹样的造型设计完成后，在要染的纺织品上有序地组织起来，便是纹样的构成了。扎染工艺的纹样组织也不外乎使用散点式与连缀式两种构成形式。在单幅的创作中，可用格律体进行组织，只要对比手法得当，便不会出现呆板和拘谨现象。有的使用自由式，与活泼、自然的图案纹样相结合，体现出一种看似无规则，实则有规则的奥妙效果。但总的来说，二方连续和四方连续的组织形式，都适合扎染的图案纹样组织，只要充分理解和掌握了组织格式，灵活的构成仍是万变不离其宗。

（二）扎染图案纹样设计的构图

扎染图案纹样按照一般的图案学分类，属于平面图案的范畴。分为单独纹样、连续纹样和重叠式纹样三大种类。这三种图案纹样，因不同的组织形式和结构，形成了各种不同的组合。

1. 单独式的图案纹样

单独式纹样具有相对的独立性，能单独用于装饰的纹样，它具体又分为自由纹样、适合纹样、填充纹样、角隅纹样和几何纹样。

（1）自由纹样

自由纹样是扎染中最常用的一个基本单位，也是最基础的一种表现手法，更是从事扎染工艺制作必备的基本功，还可以作为连续纹样中的单位纹样。自由纹样是可以自由处理外形的独立纹样，虽然这种纹样的外轮廓不受限制，但在设计时也应该做到结构严谨（对称式或均衡式）、造型丰满、外形完整。

（2）适合纹样

适合纹样是在一定的形状（如方形、圆形、三角形、六角形、多角形、菱形以及无规则的或具体的自然物形）内配置纹样，并且使设计的纹样与外轮廓相吻合，也就是使纹样"屈就"在某一形制中。另外，还有一种情况，就是设计的图案纹样如果没有外围的形制，纹样本身的外轮廓，就是一个具体的某种标准形的形制。

（3）填充纹样

填充纹样的设计有一定的外轮廓，内部的纹样不受外形的严格限制，可在轮廓内任意地设计和安排各种纹样，较适合活泼、自由的纹样。纹样在形中可以占大部或局部空间，可以部分适合外轮廓，也可以突破外轮廓，以求得丰富多彩、生动活泼的效果。但需要注意的是，空间分割要得体，纹样和空白的关系要均衡。

（4）角隅纹样

角隅纹样是装饰在带角的形（如几何形，或严整的自然物、器物的形）的角隅部分的纹样。角隅纹样比较自由，装饰性较强。它的设计大多要与角相适合，所以又称角适合纹样。可以单独一角使用、对角使用，也可以上两角、下两角、四角分别使用。

（5）几何纹样

几何纹样在扎染中使用较多。扎染中的几何形纹样介于具象和抽象之间，也正是这种自然的变化，使扎染的造型更有特色，备受人们关注和喜爱。几何形单独纹样由抽象的几何点、线、面组成，还包括几何形本身的变化，如几个几何形重叠、组合而成的复合几何形。

此外，单独式纹样有对称与均衡这两种形式：其一，对称有绝对对称、相对对称、斜对称、均齐对称、放射对称等多种形式；其二，均衡式更为多样，所有纹样的结构不是对称式就是均衡式，任何图案纹样自身的结构形式都仅此两种。图案纹样的这两种结构形式，是由自然升华而来的结构形式，它符合图案纹样设计法则的要求。单独的一个图案纹样有时可单个装饰在某一物体的某一部分，有时可装饰在一个平面的四角，也可以装饰在某一物体的边沿，还可以大面积装饰在整个平面上。

2. 连续式的图案纹样

连续式纹样是相对于单独式纹样而言的。它将一个单位纹样进行重复排列，形成无限反复的纹样，包括二方连续纹样和四方连续纹样两种。

（1）二方连续纹样

上面在探究扎染图样造型的手法时已经提及了二方连续纹样，这里将对二方连续纹样做进一步的深入探究。二方连续纹样是将一个基本纹样或者几个基本纹样组成单位纹样。二方连续纹样设计要点如下。

其一，二方连续纹样设计要注意单位纹样相接时的关系。两组纹样相接时会出现变化，形成一个新的纹样，在设计时应考虑周密，切不可画蛇添足。缝扎中的跳针法、绕针法即属此类型。

其二，二方连续纹样设计要根据不同题材、不同的装饰环境、装饰方法选择适当的骨式。此外，还要注意人物建筑图案等不宜倒置，对称的文字要防止反字的出现。

其三，二方连续纹样设计的组织结构要有节奏和韵律感。即要根据装饰主题的需要设计单位纹样，根据装饰的范围和方位设计单位纹样的结构形式，使单位纹样在内容和形式上，与整体装饰达到完整与统一。在组织连续中，单位纹样的疏密、线条的起伏、纹样的方向、色彩的配置，均要突出二方连续运动的特点，形成生动的气韵和优美的韵律。

二方连续纹样的骨式在扎染中主要是散点式，即把织物分割成若干个相同的空间，在每一个空间内安置一个单位纹样进行排列的格式。还可以格式不变，变化单位纹样的组合，使其更为灵活。二方连续纹样向左右、上下两个方向重复排列，可形成带状连续纹样。左右连续称为横式二方连续纹样，上下连续排列称为纵式二方连续纹样，首尾相接称为环状二方连续纹样，非反复的带状纹样是仅向左右依次展开不反复的连续纹样图。

（2）四方连续纹样

四方连续纹样是将一个单位纹样向上、下、左、右四个方向重复排列，并可无限扩展的纹样。四方连续的排列骨式是以一个单元形为基础（此单元形在扎染中可以是一个不同规格的方形），然后把此单元形分为若干个空间，在空间中根据构思，安置一个或多个单位纹样。四方连续纹样的排列方式主要有以下几种。

①散点排列

在扎染工艺中，四方连续排列可用于浮纹和底纹的散点排列。散点排列指的是一个至数个纹样在一个单元内作分散排列。因横向接版的位置不同，可分为以下几种。

其一，散点式。散点式以一个或几个装饰元素组成一个单位纹样，以此进行连续排列，形式有平列的、垂直的、水平的等，它的结构形式多数是均齐形和单独纹样中的放射形等。

其二，悬垂式。悬垂式纹样的主体形呈倒置状的排列，这种形式的单位纹样的选择既要符合装饰要求，还要注意对象的特殊规律，如植物花卉中的葡萄、吊金钟花等均可采用此种形式。

其三，向上式。向上式与悬垂式相反，是采用向上形的图案纹样，如建筑中的墙基石刻、纺织品的抽纱窗帘、图案的底角装饰等均采用此种形式。

其四，对称式。对称式是单位纹样以中心轴线和左右绝对均齐形式进行构成。也可以采取对称同形或异形相间排列，但必须是同形或异形成数列配置，否则无法构成对称形式。

其五，波纹式。波纹式是在波纹主轴中心线上组织单位纹样，通过重复，产生连续波纹感觉。波纹的弧度可大可小，弧度小其动势起伏就小；弧度大其动势起伏大。图案的关键是单位纹样间的拼接要准，要有流畅的感觉。

其六，连环式。连环式的结构有反复连环形、异形连环形和顺序连环形。反复连环形是采用两个同形的单位纹样，做上下反复倒置排列或一个单位纹样做左右固定位置的顺排。连环效果主要反映在两个单位纹样的衔接之处。顺序连环则是做向上或向下、向左或向右同一个方向排列。

其七，折线式。折线式纹样是利用折线的转折而形成的连续纹样。折线的角度有直角、锐角、钝角等，具有刚劲和有力的感觉。

其八，平衡式。平衡式是指单位纹样结构所采取的一种平衡式的处理方法。它主要有直排、斜排和转换排列三种形式，具有结构自如、形体活泼的感觉。

其九，整剖式。整剖式有两种形式，一是一整两剖形，是就二方连续单位纹样中的完整和不完整而言；二是全剖式，即一个完整的单位纹样在装饰画面上只出现大部或半部。整剖式既有二方连续的特点，又有四方连续的因素。

其十，综合式。综合式是多种骨法混合应用的一种结构形式，通常运用两种以上不同单位纹样连续而成，所以亦称混合式二方连续纹样。

②连缀排列

在扎染纹样中，无须认真划分空间，只需把所要入染的织物折叠成若干层，然后在折叠后的某个平面上，根据构思，进行有目的的扎结，即可染出大面积的较为有序的四方连续排列的各类纹样。连缀排列指的是单位纹样间相互连接或穿插的四方连续纹样排列方式。它的特点是图案满地花纹，给人连绵不断的感觉。连缀排列的骨格多采用菱形连缀、阶梯连缀、波线连缀和转换方向连缀等。

其一，菱形连缀。菱形连缀指的是用一个单位的图案纹样填入菱形骨架内进行连续排列或在单位菱形骨架内，用几个单位纹样或一个单位纹样一正一反等进行排列。菱形连缀排列，纹样可以部分超出其菱形骨架线，但注意连续后不要超出过多，以免使纹样产生拥挤感。

其二，阶梯连缀。阶梯连缀指的是将一个单位图案纹样进行阶梯式的相错排列，形成四方连续构图。阶梯连缀排列有相错二分之一、三分之一或四分之一等，它的形成很有变化，而且设计起来很方便。

其三，波形连缀。波形连缀指的是将一个单位装饰图案外形画成圆形或椭圆形，进行交错的连续排列，或利用排列后形成的骨架线作图，或在波形骨架内填入花纹。在纹样组成后，波纹状和波纹内的纹样均有机地联系在一起。

其四，转换方向连缀。转换方向连缀指的是在方形或长方形内，以一个单位纹样做倒正的反复排列或以方形单位纹样做更多方向的转换，形成转换连缀式的四方连续图案。转换方向的连缀图案，重点在单位纹样的设计，它的造型风格也是图案转换方向排列后所形成的重要形式所在[①]。

四方连续的连接方法主要有两种。

其一，对角线切开法。在一个正方形的纸片上画好主纹样，然后沿一条对角线切开，再将上边与底边、左边与右边分别拼合并添加绘制出辅助纹样，最后复原即成四方连续的单位纹样。

---

① 汪芳.现代服饰图案设计 [M].上海：东华大学出版社，2017：100.

其二，二分之一切开法。在一个长边是短边两倍的长方形纸片上画好主纹样，在长边的二分之一处切开，再分别将上右边与下左边、下右边与上左边、上边与底边拼合，每拼合一次添加绘制一组纹样，最后将纸片复原排列即成四方连续单位纹样。

3. 重叠式的图案纹样

重叠式的图案纹样指的是在单位纹样内，两种不同形式的纹样重叠排列而成的纹样。其中以一种纹样为"地纹"，另一种纹样是重叠在地纹上面的"浮纹"。地纹的排列一般采用满地花或几何形，浮纹一般用散点排列。重叠排列，以浮纹为主，地纹是衬托浮纹的。设计要注意主次分明，突出主花，避免花纹重叠时层次不清出现杂乱的感觉。重叠式的图案纹样主要有几何嵌花排列、条纹组织排列和反复倒置排列这几种，现介绍如下[①]。

① 几何嵌花排列

几何嵌花排列是在几何图案上嵌饰自然花卉，构成连续的装饰图案，它具有纹样新颖大方的特点。

② 条纹组织排列

条纹组织排列指将自然或变形纹样，运用条形骨架组织排列。条纹可分直条、横条和斜条三种。

③ 反复倒置排列

反复倒置排列指的是在限定长方形或正方形基本单位面积内，将设计的纹样填入，然后将基本单位纹样的方向进行反复倒置排列，使构图呈无方向的感觉。

二、扎染的工艺方法

（一）扎染的工艺流程

第一步：绘图。在纸上用线条绘制设计的图案，再根据花型的大小画上各种记号。

第二步：制版。设计者们根据所需的图案，用大小不等的圆点构成疏密不等的纹样，直接用铣子在油纸版或涤纶版上铣出圆点，或使用尖头锥子戳出小孔；较大或不规则的图案，则也在其四周铣出或戳出一圈圆点，用以标记图案，从而制成花版，便于定位扎花。

---

① 宋冰岸，陈桂芝. 现代装饰图案设计 [M]. 沈阳：辽宁美术出版社，1997：49.

第三步：记号。设计者把花版置于布料上，将青花水（蓝色染料与淀粉、碘酒的混合物）刷在花版上，从而在布料上印出小圆点，再根据这些圆点造型进行绞扎。刷印出的圆点可被染液覆盖或经高温染色后褪去，不会对图案造成影响。

第四步：扎花。扎绞花型、扎结工艺与基本针法将在下面做详细的介绍。花样越复杂，所费的时间也就越多，因而扎花是整个流程中最费工、费时的一道工序，见图 5-1。

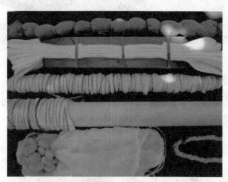

图 5-1　扎花

第五步：检验。染色之前要检查，对照先前绘制的图案，查看有无多扎、漏扎的地方，并查看扎得是否牢固，不合格的就要返工，重复第四步，甚至拆掉重扎。

第六步：浸泡。扎好的布需要在清水中浸泡至少 1 ～ 2 h，期间要不断翻动、揉搓，保证每一处都浸泡充分。浸泡的目的是使布料湿润，这样布料上色更快，染得也更均匀。

第七步：染色。将布料置于染液中进行浸染，见图 5-2。

第八步：晒干。布料经媒染固色或蒸煮后，用清水漂洗，以去除表面的浮色，然后置于室外晾晒数天，见图 5-3。

图 5-2　浸泡

图5-3　晒干

　　第九步：拆线。待布晒干后，需要将扎的线拆除，这个过程也很费时，且若用力不当，极易造成布料的破损，必须极为小心谨慎才行。拆除所有的线后，再用清水漂洗，见图5-4。

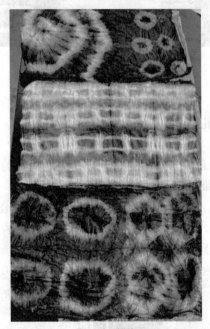

图5-4　拆线

　　第十步：整理。将布料再次置于室外晾晒，待晾干后把布折叠整齐。

　　现附上笔者的扎染作品，见图5-5和图5-6，笔者的扎染作品展示效果，见图5-7。

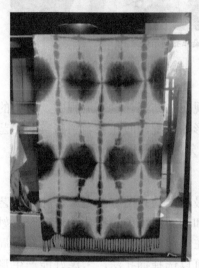
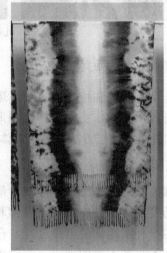

图 5-5 扎染丝巾作品

图 5-6 扎染袜子作品

图 5-7　扎染作品展示效果图

（二）扎染的扎结工艺

扎染工艺的独特个性主要体现在扎结工艺这一流程中。扎染的扎结工艺流程，是制作扎染纹样或图形的过程，即扎染名副其实的工艺表现手法。扎染的扎结方法很多，大体分为以下几类。

1. 扎染的捆扎法

捆扎法是扎染工艺最传统、最基本的扎结方法之一。扎染工艺的许多技巧变化，都是由捆扎法延伸和创新而出的。捆扎法还有一大妙用，即可用于补漏填缺的创意处理。在一件作品制作完毕后，如发现局部有缺憾或不尽如人意的地方，这时可以选择捆扎法，考虑好能产生形成对比和色彩变化的因素，然后进行捆扎。用点染法染色，会取得补缺后理想的整体效果。

捆扎法的步骤：先将织物平铺于桌面上，用左手撮起设计好的需要扎结纹样或图形的部位，使织物自然下垂，右手持线、绳，在需要防染的纹样部位缠绕扎紧，使织物上扎线的部分，因染液不能渗透而染不上色，这种"阻染"的结果，保留了织物的原色，并形成了纹样或图形。扎结时，主要是利用线、绳缠绕扎紧而防染。因此，扎结时的力度以及手捏扎线部分要适中，以稍有松软弹性为佳。在撮起的织物上分段绕线，可染出一层层的圆形纹理；斜向绕线，则可染出蛛网状般的纹理。

2. 扎染的卷纹法

卷纹法是指将所染织物熨烫平展后，把织物全部缠卷在木棒上，并用线绳把棒上的织物缠绕扎好。为了防止渗色，用弹性较大的松紧绳缠扎更好。完成缠扎后，将木棒上的织物用力向中心收拢，再用线、绳将布卷两头固定扎紧，以防止布卷向外松动。经煮染后，便可出现波浪形的纹样效果。

3. 扎染的打结法

打结法主要是将织物面料整体正反两面折后，再在需要表现纹样的地方打结，而后染出纹样的方法。打结法不借助其他工具直接用手打结，使打结处因为较紧密而防染出现纹样或图形。这种方法比较随意，可根据构思而打结，也可以无规则地随意打结。打的结可以有大有小，有疏有密，可以对整块织物单层打结，也可将织物折叠起来双层打结。打结处的防染色彩和未打结处染上的色彩，以及中间的退晕色彩融合在一起，使纹样或图形别有一番趣味。即在织物面料的四角、两边或中间的某个局部，直接把面料撮起打成活结，染出纹样的方法。

4. 扎染的夹扎法

夹扎法，即把织物面料的纹样通过不同的折叠方法折好后，再用模板夹扎染出纹样的方法。夹扎法是折叠与夹扎相结合的一种现代创新方法。主要手法是把织物折叠，折叠时需要比例均匀，一直折到另一端，然后把织物折好对齐夹紧，经浸染后，形成有序、规则的几何状连续的装饰纹样。

5. 扎染的折叠法

折叠法是扎染中应用最广泛的技法，即将对折后的织物捆扎染色，形成对称的单独图案纹样。一反一正多次折叠后可制成二方连续图案纹样。

6. 任意皱折扎染

任意皱折扎染是指将织物做任意皱折后捆紧、染色，然后再捆扎再染色（或做由浅至深的多次捆扎染色），产生似大理石纹理般的效果。

7. 平针缝绞扎染

平针缝绞法形成线状纹样，可组成条纹，也可制作花形、叶形。用大针穿线，沿设计好的图案在织物上均匀平缝后拉紧。这是一种方便自由的方法。

（三）扎染的基本针法

画面的构成是以点、线、面元素为主，在设计制作扎染过程中也不例外。下面将从点、线、面三个角度介绍扎染的基本针法。

1. 点的扎染

点的扎染以鹿胎缬为代表，见图5-8。所谓鹿胎，大概可以理解为梅花鹿身上的花纹，其他类似的还有鱼子缬、醉眼缬、槟榔缬等。这些扎染花纹效果十分美丽，大多是以小点纹的形式存在，工艺制作也非常方便、简单，但非常费工时。扎制后的面料有立体凹凸感，且有弹性。鹿胎缬的点可以有大有小，传统上一般称很小的为鱼子缬，而特大的现在称为自由塔形扎，它是放大的点，是扎染中面的扎染的最基础的方法。

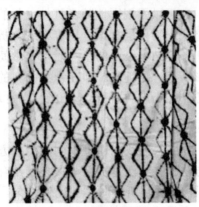

图5-8　鹿胎缬

鹿胎缬扎染方法主要有以下步骤。

第一步：先在面料上定出点的位置，用钩针勾住设定的一个点，绕扎3～5圈，再用力抽紧扎牢。

第二步：以此类推，扎完所有设定的点，扎完后的面料即可准备染色。

第三步：染色前先将扎好的待染面料在清水中浸泡湿透，再放入染液中染色，注意不同面料、不同工艺要选择适合的染料与染色方法。

第四步：染色完成后便可拆线、水洗，若不熨烫平整，鹿胎缬面料会有凹凸不平，且具有一定弹性的特殊效果。

点的扎染除了鹿胎缬之外还有鱼子缬、玛瑙缬、茧儿缬等。

鱼子缬：由细小的圆点构成，制作时采用专用的钩针工具勾起织物上印的点，绕两圈线而成结，形成的纹样如同鱼子一般，是扎染中纹样最小最密的一种。

玛瑙缬：图案需要事先勾绘，表明其形状的大小和疏密状况，然后用线缝扎、捆绕10～12道，使之产生撮晕的效果，如同玛瑙一样色彩斑斓。

茧儿缬：留白的纹样处也是先用线在四周缝扎，收紧后进行捆扎，使产生的花纹形如蚕茧，且中心处不会渗入染料。

2. 线的扎染

（1）单层串缝

单层串缝为最基础的线扎，针脚间距离根据面料的厚薄来定，一般设定在 0.5 ～ 1 cm，针脚太密或太宽，效果一般都不太理想。所用的缝线要牢固，可以采用双线缝。缝线要一线到底，中间不能接线，否则不容易抽紧扎线；扎线串缝完后，扎线头尾分别抽紧打结固定，越紧越好。只有这样，在染色时才能使花纹清晰。

（2）跳针串缝

跳针串缝与单层串缝基本一样，只是改变了针脚的距离，方便行针设计的同时又产生了不同的花纹效果。

（3）对折串缝

对折串缝只需将织物面料对折后沿对折线走针，针脚大小参照单层串缝效果，走针离折线边距离一般 0.3 ～ 0.5 cm 效果较佳，不能太远，否则就成了两行单层串缝，影响效果。

（4）梅花串缝

梅花串缝在扎染串缝线中既可以走直线，也可以走曲线。所谓梅花，是因其扎染花纹效果如中国画中的"梅花点"。其制作方法是将面料对折后，沿对折边走曲线行针，一般每个半圆弧只走 3 ～ 5 个针脚即可，同理也可以走大圆弧，针脚也相应增加。注意走针应在一个面上，不能绕过对折线，否则就不容易把串缝扎线顺利抽紧。

（5）三折串缝

三折是将面料前后折叠。三折的折叠宽度一般在 1 cm 左右为宜，在折叠宽度中间走针，即距折叠边 0.5 cm 左右。花纹的特点是三道缝线的两边花纹清晰，中间色晕较大一些。

（6）四折串缝

四折串缝与合下串缝在古代称为"城墙花"，因其折叠串缝扎染后，同样可得四行平行的如城墙砖叠砌排列样式的花纹。因折叠方法的不同，产生的花纹效果也各自不同。四折串缝是对折后再对折，四折串缝的效果是一边花纹清晰，一边色晕较大。

（7）合下串缝

合下串缝是中间的面料凹下。折叠宽度一般为 1 cm 左右，缝线走针一般在折叠线的中间。合下串缝的效果是两边的花纹清晰，中间的色晕大。其他扎线注意点可参照单层串缝工艺制作。

（8）方胜串缝

方胜是古代妇女所佩的一种菱形首饰，有着美好的象征寓意。这里是指扎染的走针不但可以是直线、曲线，也可以是折线，折叠的方法可以是对折、三折、四折等。过多的折叠会影响缝扎抽线效果。当然，也可以不折叠面料来设计方胜串缝。至于方胜的大小、走针的多少，是根据情况而定的，但方胜折角不要太尖，否则同样会影响缝后抽线。

（9）绕针串缝

绕针就是针脚线必须绕过对折线，绕线长短、针脚大小视情况而定，既可单向绕针，也可十字绕针。绕针串缝与前面其他的折叠方法不同，前面几种扎染方法可以是串缝完后再拉紧，而绕针串缝则必须边绕边抽紧，否则绕弯后再拉就非常困难。

3. 面的扎染

（1）自由塔形扎染

自由塔形扎染可以说是放大了的鹿胎缬，反过来说也就是指自由扎的面不能太小。自由塔形扎染是面扎染最基础的扎法，也是最方便的扎法，扎制时只需任意提起织物的一角，用线自由捆扎，捆扎线的长短粗细自定，捆扎要紧，但不要太密，否则就少了扎染的色晕味。绕线可以自上而下，也可以自下而上。扎紧后的面料造型像宝塔。

（2）大梅花形扎染

大梅花形扎染先要设计好画稿。大梅花形扎染的走针可以分花芯和花瓣两部分，花心部分的走针和花瓣部分的走针是各自分开的，整个花形要大些，花心部分小些，两道扎线走针完成后抽紧，可以按自由塔形扎染法将花瓣部分用扎线绕紧，而花心空出。绕线注意点同自由塔形扎染。

（3）十字花形扎染

十字花在古代为太阳崇拜的象征寓意。其工艺设计按一个中心点将织物对折后再对折。串缝完后如自由塔形扎染法绕紧，十字花的花形要略大些才能看出效果。这也是折叠方巾的基础扎染，一般情况下折叠层次不要过多，否则会影响染色效果。

（4）火腿花形扎染

火腿花源于古印度克什尔地区的佩兹利花，整个造型以圆弧为主，只有一个尖角，非常美丽。这里须强调扎染中的入针问题，即扎染时入针点与收针点都必须在同一尖角点上，或者在折角位置出入针效果更好。

（5）满针缝形扎染

满针缝就是由一组紧密相靠的单层串缝线所构成的面。满针法可以分为自由满针法、错位满针法、平行满针法等。这几种方法的区别在于各行之间针脚排列不同，同时要注意各行之间的距离不能太大，缝制完后每条扎线最好各自单独抽紧打结，染出的效果方能生动美丽。

（6）蛾子花形扎染

小蝴蝶花便是古代的"蛾子花"，是我国古代扎染技法的重要代表品种之一，其扎染技法相对比较繁杂，步骤可以概述为如下几点。

第一步：将布料对折后再分成三等份，每个折角为60°，布料按前后方向对折。

第二步：从折叠后的尖角点位置向下折1 cm左右的布料。

第三步：从下折后的尖角点处入针，绕过折线，重新入针在同一尖角点处，抽紧绕线，同样方法再绕针扎一次，抽紧打结即成。注意两根绕线必须分开。

第四步：染色操作步骤参照上述的鹿胎缬扎染方法。

（7）包豆子花扎染

包豆子花扎染是古代一种常见的扎染方法，即在扎染的面料中包入豆子、玉米或小石子等不会被染色破坏的硬物，如同自由塔形扎一样将其扎紧，染色后的效果与自由塔形扎和鹿胎缬风格各有不同。

（四）扎染的染色工艺

扎染要考虑染色问题，即染单色还是复色，单色是哪种色相，确定是什么色调，复色是什么色彩关系，是弱对比还是强对比，以及整体的黑、白、灰关系处理等。只有把这些均考虑到位，才能真正做到胸有成竹。也只有这样，才能主动地控制扎染制品的工艺操作和审美效果。

1. 单色扎染

单色扎染是将扎结好的织物（多为浅白地织物）放在水中浸泡一刻钟至半个小时，然后取出挤去多余水分。在湿态状况下投入单一色相的中深色染液浸染或者煮染，得到浅白色深地花纹。如果某一色相的染液是由2～3个单色染料拼合而成，在染色过程中由于每个染料的染色速率和扩色速率的差别，会在扎结部位形成几种不同的色相变化，使得单色扎染也具有含蓄、丰富的色彩效果。扎结方法的多样，用力的松紧不同，织物的折叠皱缩有变化，使染色溶液不能均匀地扩散到扎结部位，于是形成了深浅浓淡多变的色晕效果，这种效果被称作扎染之魂。

2. 多色扎染

多色扎染，即先扎结染浅淡色后，再扎结染较深色，得到深浅两色的花纹。多色扎染主要有多色套染和多色叠染。

（1）多色套染

多色套染指的是扎结后，先染较浅的颜色，再染较深的颜色，从而得到深浅两色的纹样，见图5-9。

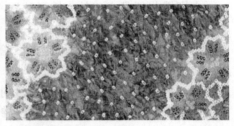

图5-9　多色套染

（2）多色叠染

多色叠染是用邻近色或互补色重叠染色，如先用黄色染色后，扎结染大红色，再扎结染橄榄绿色，会得到棕褐色深底的黄、橘红色花纹，见图5-10。

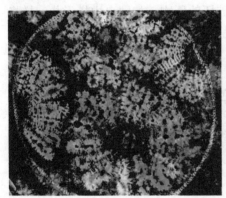

图5-10　多色叠染

此外，还有多色绘染、多色点染和多色刷染。

多色绘染：先在所绘花纹内涂绘上所需的色彩，色彩可不受限制，然后用平缝扎结法，按所需花纹平缝，抽紧后缠绕扎结，放入深色染液中染色，便可得到丰富的多彩花纹。

多色点染：用各色染液点涂或用针筒将染液注射在织物的扎结或缝扎部位，使其渗透进去，然后投入深色染液中染色，同样可得到多彩花纹。

多色刷染：先将不同色相的染液刷染在白地织物上，晾干后进行扎结，再投入深色染液中染色，得到多彩花纹。

三、扎染的作品赏析

（一）各类型扎染的作品赏析

1. 扎染壁挂作品赏析

图 5-11 所示的扎染壁挂作品所用的扎染技法多样，寓意深远，且制作过程经八次绞染而成，工艺难度大，是不可多得的现代扎染佳作。作品以棉布为面料，整个画面以藏青为地色，寓指大海的广阔与深沉；太阳与月亮同时出现在画面上侧的左右角，预示着日月交替，岁月流年；中间一位渔女头戴斗笠，身穿扎染服饰，架着渔网悠然出行；渔女身后堆满粮食的牛车，与天空中的飞鸟相映，构成了极具特色的丰收生活情景；远处的少女载歌载舞，也似在欢庆美好生活。壁挂是扎染产品中的创新品种之一，是各种扎染技法与染色技术的有机结合，符合现代家居装饰的需求。

图 5-11　扎染壁挂作品

2. 扎染被面作品赏析

图 5-12 展示的是传统扎染被面。被面中间是一朵大牡丹花，与右侧的凤凰呼应，构成凤戏牡丹的吉祥图案，象征着大富大贵；牡丹左侧还有一只喜鹊，象征着喜庆之事降临，同时牡丹上方衬以两只蝴蝶，更增添了画面的吉祥富贵、喜从天降之意。边框外侧也衬有喜鹊和牡丹，与主纹样相互呼应，也为整个画面增添了不少喜庆之意。被面是人们每天都要使用的生活用品，且是新婚夫妇的嫁妆之一，因而人们对它的美学要求很高。所以，无论是欣赏还是研究，被面都具有较高的艺术价值和民俗文化价值。

图 5-12　"喜鹊牡丹"扎染被面作品

图 5-13 展示的是用传统的"虎皮绞"手法，以线为主的造型构成了扎染被面。被面中间是一朵盛开的正面造型的牡丹花，两侧花蕾相伴，象征着花开富贵、欣欣向荣的景象。牡丹花下侧是两只动态各异的喜鹊，动静结合，为画面增添了喜庆的气氛。上侧的蝴蝶翩翩起舞，整个画面呈现一派温馨和谐的景象。画面线条流畅，疏密有序，均衡而不呆板，深受百姓的喜爱。

图 5-13　"虎皮绞"扎染被面作品

3. 扎染桌布作品赏析

图 5-14 所示的扎染桌布的中间图案由一长方形边框围成，框外是一圈小花，且每朵花均衬有四片叶子，寓意丰收；画面中心的图案为菊花，花瓣层叠，在形成不同层次风格的同时，也丰富了色彩的变化；菊花、鲤鱼相伴，两两相向，寓意富贵有余。作为桌布，图案上的鱼与饮食文化也相呼应，寓示年年有余。桌布是家居装饰的重要组成部分。纹样独特、造型新颖的桌布，既体现了主人的品位，也使家居风格质朴典雅、古香古色。

图 5-14 扎染桌布作品

4. 扎染服饰作品赏析

图 5-15 是一件半袖的扎染上衣，衣服的衣领、门襟、袖口等处还以数道浅蓝色的条纹作装饰，使衣服在整体上拥有更多色彩的变化，形成了线、面对比。花和蝴蝶象征吉祥、富贵，也使纹样和服饰更具传统意义。采用深蓝地色，配以白色团花及小蝴蝶作装饰，寓意幸福美满；蝴蝶与团花整齐排列，相互衬托，构成了四方连续的图案形式。近年来，扎染服饰的发展使扎染技艺有了更大的生存和发展空间。

图 5-15 扎染上衣作品

图 5-16 所示的扎染马甲采用了红地白花，主要纹样也是花和蝴蝶。其中，蝴蝶花样与扎染上衣类似，但花的造型更美。扎染上衣只是简单的圆形团花，扎染马甲的花纹则是通过更细致的缝绞技法，染制成形后勾勒出花的自然美感，花瓣和叶片构成完美的艺术风格。这件马甲更大的特点是将布匹染色并制成衣服后，在两肩及两侧下摆处通过缝制二次加工出纹样，与扎染染制出的纹样相搭配，形成更丰富的图案效果。

图 5-16　扎染马甲作品

5. 扎染门帘作品赏析

图 5-17 中的门帘是从中间剪开的样式。左侧的门帘采用了折缝、平缝、鹿胎缬等扎花方法；图案中的树林映衬着远方的群山，山与树的大小对比体现出了山的深远，与树林层次分明；远处海上漂泊着一叶小舟，海面碧波荡漾，空中有海鸥相伴，更高远处飘浮着朵朵白云。画面中天空、大海、山川、树林相映成趣，寓意主人日后定能平步青云，展翅高飞，成就一番事业。门帘往往挂在内屋门前。挂上门帘，既表现出对个人隐私的保护，也是一种韬光养晦的体现。门帘的结构较简单，往往就是一大块布，有时为了进出方便，也会从中间剪开，但不会破坏其完整性。也正因为布料面积较大，且多由外人观看欣赏，因而图案往往比较大气、含义深远。

6. 扎染屏风作品赏析

图 5-18 所示为扎染屏风，这部作品为了表现主题，共采用了十余种扎染技艺与染色方法，是作者智慧与心血的结晶。作品的近处用多种扎染技法勾勒出人物的动态，有出售瓷器的商人，有左顾右盼挑选商品的顾客，有驾牛车赶路的老人，还有欢快交谈的少妇，且人物多穿戴扎染服饰；远处掩映着城楼与城墙，几位官员正乘马通过；而右上侧的蚕、茧及几位正忙于纺线的少女则说明了唐代丝绸业的繁荣。整个画面通过远近景象的结合和对各类人群的细致描绘，显得风格淳朴，层次分明，画面充实，再现了唐朝的兴旺与繁荣。屏风在中国传统文化中独具特色。与门帘不同，屏风一般置于厅堂进门处，用于遮挡屋内设施，这样

每次绕过屏风进入厅堂，都有一种豁然开朗的感觉，既避免了从门外便一眼望尽堂中之物，又丰富了堂内的装饰。

图 5-17 扎染门帘作品

图 5-18 扎染屏风作品

（二）各民族扎染作品赏析

1. 白族扎染作品赏析

扎染是白族人民的传统工艺产品，集文化、工艺于一体，其纹样图案多取材于动物、植物等日常生活中的形象或前人传承下来的纹样，经抽象加工后形成规则的几何纹样，整体画面布局严谨饱满，充满生活气息，如图 5-19 所示。大理白族扎染以纯棉布、丝绸、麻纱等为面料，目前除保留传统的土靛染蓝地白花品种外，经技艺上的改进后，又恢复了彩色扎染。目前，周城白族仍有约四千人在进行民族扎染织品的加工生产，因而白族服饰、扎染工艺等民族传统文化在周城均保留完好，妇女至今仍穿戴民族扎染服饰。

图 5-19　白族扎染作品

2. 彝族扎染作品赏析

彝族的扎染技艺经历了漫长的历史发展过程，具有浓郁的地方特色，巍山彝族回族自治县曾被誉为"中国扎染艺术之乡"。彝族扎染采用天然植物染料，扎花工艺特色突出，做工精致、图案新颖多变，作品具有清新自然、古朴大方的特点，在实用的同时，具有较高的艺术欣赏价值，如图 5-20 所示。彝族民间艺人们在传统蓝色扎染的基础上钻研新技艺，现已拥有蓝染、彩染、贴花等多项技艺，产品涉及台布、壁挂、门帘、服饰等各种织物。在继承传统的基础上，彝族人民在布料的选择、图案纹样的变化上不断地创新。

图 5-20　彝族扎染作品

第二节　蜡染

一、蜡染的图案造型

清代毛贵铭的《西垣遗诗》云："蜡花锦袖摇铁铃，月场芦笙侧耳听。芦笙婉转作情语，铃儿心事最玲珑。"说的便是每年 6—10 月，姑娘们穿着精心制作的蜡染服饰，小伙子们吹起芦笙向心仪的姑娘表达爱慕之情，蜡染制品也成为传达感情的定情之物。姑娘们此时也会在"赛花会"上相互观摩和交流蜡染技艺。传统蜡染工艺都是纯手工操作，蜡染的图案造型介绍如下。

（一）民间蜡染的图案造型

在长期的历史发展过程中，各民族间的文化交流使各种文化相互交融，产生了数量繁多且蕴含着丰富内涵的传统蜡染图案纹样。传统蜡染的图案造型源于百姓的日常生活与民俗活动，其多彩的纹样融入了百姓的丰富情感与美好寄托。

1. 蜡染鱼纹

蜡染中出现的鱼纹大都躯体肥硕，有的鱼腹内有小鱼，有的鱼腹内有鱼子似的繁密斑点，见图 5-21。鱼纹的原始寓意象征着生殖，在史前陶器、玉器中就已经出现了鱼纹。因鱼腹内多子，也就有了对鱼生殖能力旺盛的崇拜。因"鱼"与"余"谐音，又象征年年有余，鱼纹便逐渐被赋予了新的寓意。

图 5-21　蜡染鱼纹

2. 蜡染鸟纹

在苗族的蜡染中，鸟纹十分普遍，因为苗族人民认为鸟对苗族是有恩的，鸟也是苗族先祖某些氏族的图腾符号。蜡染中的鸟纹，如锦鸡、喜鹊、麻雀、燕子、斑鸠等都是写实造型，也有抽象的鸟形但没有具体的名称。鸟纹也包含着祖先崇拜，见图5-22。

图5-22　蜡染鸟纹

3. 蜡染蝴蝶纹

蝴蝶因斑斓的色彩、轻盈的形象而深受百姓的喜爱，蝴蝶多子的特征也被赋予了吉祥的寓意，见图5-23。蜡染中的蝴蝶千姿百态，有具象写实的，也有抽象写意的，苗族关于蝴蝶的传说也最为神圣。

图5-23　蜡染蝴蝶纹

4. 蜡染龙纹

龙是中国的原始图腾，少数民族地区的龙纹极有特色，其外形和内涵与汉族地区的龙纹不同，没有威武的姿态，表现为稚拙天真、憨态可掬，与人和自然十分亲近，见图 5-24。龙纹除了龙图腾崇拜的原始意义外，也有祈福迎祥之意。龙的形象也千变万化，如苗族有水牛龙、鱼龙、蚕龙、叶龙、盘龙、鱼尾龙、水龙等，而榕江苗族蜡染中的龙纹既像蛇，又像蚕。

图 5-24　蜡染的龙纹

5. 蜡染蛙纹

蛙纹源于一个民间的传说：一个少数民族妇女去山上割草，听见筐里有一只青蛙在叫妈妈，这个妇女没有儿子，就认青蛙作了儿子。蛙人非常勤劳，无比强壮，白天在地里给妈妈干活，到晚上就披上蛙皮做青蛙，很多人都羡慕这个妇女有这样好的儿子。在一次集会中，一个姑娘喜欢上了蛙人，并且嫁给了他，但姑娘知道他是蛙人后，很伤心，于是悄悄地烧掉了蛙皮希望他不要变回青蛙。但是，蛙皮烧掉之后蛙人就死了。村子里的人都很怀念蛙人，所以他们在绘制蜡染作品的时候常把蛙人画在上面，期望自己家的孩子都像蛙人一样勤劳、强壮。蛙纹纹饰大量出现在妇女和儿童的服饰用品上，如背扇、包袱等，见图 5-25。

图 5-25　蜡染蛙纹

（二）蜡染图案的象征意义

1. 图腾崇拜

传统蜡染的纹饰造型与图腾崇拜、祖先敬仰、繁衍生息的生命力紧密联系在一起。例如，榕江和三都的蜡染幡旗，虽然不用在服饰上，也不出现在日常生活用品里，但它用于 12 年举行一次的大型祭祖活动——"鼓仗节"的仪式上。蜡染幡旗上有大量图腾崇拜纹样，旨在向众人表达自己的祖神已变成龙，寄予往后日子越过越好的心愿。又如，贵州三都"白领苗"的上衣有蜡染的"窝妥"纹饰，有人说是水涡纹，有人说是水牛纹，其实都是一种图腾崇拜纹样，象征着幸福、长寿；贵州纳雍、六枝、织金的蜡染衣服，记载了苗族的社会历史和图腾崇拜，这些服饰上的纹样是苗族妇女穿在身上的史书。

2. 神话传说

大部分蜡染纹样都蕴藏着世代流传的神话传说。比如，要表现一个非常吉祥的动物，人们会将该动物每一个要素都呈现于画面中，无论从哪个角度看都必须是完整的。在传统蜡染的图案纹样造型中，有大量经过夸张、变形的抽象符号，这些图案是人们在神话传说中获得的灵感。他们在客观描绘对象的同时，不受自然形态的约束，大胆抛开实际形象的各种细节，凭借自己的感受，用极简单的点、线、面来概括抽象出自己理解的形象。例如，贵州织金妇女蜡染背扇中的各种抽象、半抽象连体鸟头、鱼尾纹、蛋纹和人纹，都隐含着生命符号，充满活力。蜡染幡旗中也大量出现过侧面的双眼龙纹。

3. 宗教文化

少数民族的蜡染图案纹样与其宗教文化相关。丹寨、三都"白领苗"上衣肩背蜡染纹样必有图腾崇拜的"窝妥"，织金背带、衣袖蜡染纹样必有成双的鸟头鱼尾纹，黔、滇、川等地部分苗族的蜡染必有迁徙纹等。这些服饰纹饰具有相对的稳定性，记录了苗族自己的宗教思想和文化。少数民族传统蜡染的图案纹样的题材选择和审美标准都有严格的规定。这些形象表达什么，用在哪些画面中，形象之间如何组合，都是民间约定俗成的，体现着少数民族的宗教文化。

二、蜡染的工艺方法

（一）蜡染的流程

1. 准备

在画蜡前，可先将自产的布用草灰漂白洗净，然后用煮熟的魔芋或白芨汁捏成糊状均匀涂抹于布的反面，待晒干后用光滑的牛角或卵石将布面磨平、磨光，这样布就比较挺括，趁田间劳作间隙，可坐在家门口点蜡，也可把自制的土布置于平整的木板上直接画蜡。将蜂蜡、石蜡或枫脂放入小铁勺或铜锅中，用炭火加温熔蜡。各个地区的熔蜡方法在不同时期都有差异，榕江苗族的熔蜡方法是在画蜡前取炭火中的热炭放入瓷盆中，将蜡杯放在热炭火上，然后把小块的蜡放入蜡杯中，等待蜡的熔化。

2. 构图

蜡染作画的第一步是定位，事先考虑好绘画的内容。苗族妇女绘蜡时均不用事先画稿，至多在画蜡前用指甲在布上轻画出大片的图样，有些少数民族妇女也会使用模版来画蜡。

3. 点蜡

点蜡是最关键也是最难的一个步骤，动作要把握好，画蜡的速度慢了，蜡液容易凝固，浮在布的表面，起不了防染的作用；速度快了，蜡液很快在布上渗开，不易掌控线条的粗细及走向，所以画蜡时要速度适中、用力均匀。点绘有变化的线条时，要根据点蜡的对象来用力，掌握好轻重缓急。画好蜡的布通常固定在平台或竹圈上，以防蜡裂出现过多冰裂纹，影响图案的整体性。少数民族妇女若是想象着小鸟，便边画边不停地唱赞美的山歌，山歌唱完了，一只栩栩如生的小鸟也跃然布上。少数民族妇女绘蜡，一般没有固定图案，全凭想象，但她们最爱点画的是本民族崇拜的太阳，以及传说故事中的城堡，还有就是龙凤和本民族日常生活的习俗。

4. 染色

浸染是运用最广泛的染色工艺。大部分苗族地区都在秋天进行染布，因为那时正是蓼蓝等植物收获的季节，而用于制作碱水的杉枝灰也是在农历八月趁杉木最壮时烧制最好。苗乡染布时采用专门的杉木缸，一般高约 1.2 m，直径 60～80 cm。布投入染缸前，需先用水浸透，以便蜡稿浸染时着色均匀。蜡稿投入染缸浸染一定的时间后取出，先让其在空气中发生氧化，再投入缸中浸染，这一过程少则一次，多则十几次，通过充分氧化，以达到理想的颜色。

5. 去蜡

将染好的布投入锅中高温蒸煮一定时间后，捞出清洗、晒干，即得到白地蓝花或蓝地白花的蜡染布。

（二）蜡染的方法

1. 熔蜡的方法

（1）直接熔蜡法

直接熔蜡法最大的缺点就是不容易控制蜡温，它是直接将蜡锅放在火上熔蜡，火力的大小直接影响蜡温的高低。蜡温太低会减小蜡对面料的附着力，蜡容易脱落；蜡温过高则渗透力过强。这种方法很不方便，不科学，也不安全。

（2）恒温熔蜡法

为了控制火力，一般可以用温度调节器来控制电炉的功率，这样可以很好地解决蜡温问题，也可以用煤油炉，通过调节煤油炉灯芯长短来控制温度。

（3）间接熔蜡法

如果恒温法不具备条件，而直接熔蜡法又不可取，那么间接熔蜡法便可以很好地解决这一问题。其方法是先准备一只略大于蜡锅的容器，容器内加上一定量的水后放在火上加温，然后将蜡锅放在容器内，通过水的恒温性热传导使蜡熔化，并使蜡温控制在一定的温度内。为了防止蜡锅在水中浮动，可以在蜡锅内加一块小石头，这样既固定了蜡锅，又方便了化蜡。

2. 蜡染的技法

（1）笔、刷绘蜡法

笔、刷绘蜡法是现代蜡染工艺中最常用、最方便的一种方法，就是直接运用各种大小型号的毛笔、油画笔、笔刷等在面料上画蜡。可根据所画内容运用不同的笔，各种不同的笔在面料上画出的效果也不尽相同。

（2）蜡壶、蜡刀画蜡法

蜡壶、蜡刀是最传统、最具代表性的绘画工具，蜡壶的最大特点是可以画出又细又长的蜡线。蜡刀因蓄蜡少，画线略短一些，掌握技法比较困难。

（3）缝、扎蜡染法

缝、扎蜡染法是指将面料通过扎染的工艺扎好后投入热的蜡液中浸蜡，取出待蜡凝固后解开扎线，由于扎染面料里面部分没有上蜡，便可以用低温染料上色。这样可得到既有扎染效果又有蜡染风格的花纹。

（4）型版盖印法

铜质材料热传导性能好，所以型版一般为铜制的花版，制作工艺如同盖印章一般，即用铜型版蘸热蜡，然后快速地盖印于面料上，可得到大批量重复的花纹。

（5）刮蜡、刻蜡法

运用比较尖细一类的钉子、刮针、刻笔等，在画好蜡的面料上刻画，染色后刻画之处会出现蜡染花纹。另外，刻画时注意刮针不要弄坏面料。

（6）裂蜡法

裂蜡法是蜡染的一大特色，蜡裂纹即人们所称的"冰裂纹"，是蜡染的一个标志特点。蜡裂纹是面料在画蜡后经过挤压、敲打等加工，然后进行染色，裂纹处便可染上染料。蜡裂纹的具体制作方法多种多样，最常见的有四种：其一，将涂好蜡的面料自由揉捏、敲打，力量大小决定花纹多少，但不可用力过大而使蜡剥落太多；其二，将涂过蜡的面料按一定方向折叠挤压，形成有规律的裂纹；其三，将涂过蜡的面料放入冰箱冰冻，通过热胀冷缩效应产生冰裂纹；其四，将蜡液中加入一定量的松香，松香配比的多少影响蜡裂后花纹的大小。

（7）滴蜡、点蜡法

将蜡液自由点滴在面料上，具体操作方法有以下几种：其一，可以用刷子蘸蜡直接洒在面料上，形成许多细密的点状花纹；其二，可以用笔蘸蜡后，用小棍相互敲击，使蜡液弹洒在面料上，形成细密的点状花纹；其三，可以点染蜡烛，使蜡液滴在面料上，形成点状花纹。

3. 去蜡与整理

用低温型染料染色去蜡需要通过高温皂煮，而高温型染色在高温蒸化前必须将蜡用力搓去，将面料夹于报纸之间，用电熨斗反复熨烫，直至蜡被报纸吸收干净，再进行高温蒸化。在蒸化面料的正反面各覆一层报纸，然后根据蒸锅的大小按手风琴式折叠或圆筒式折叠，并用绳子固定牢。

高温蒸化的方法：先准备一只压力锅，最好带有压力表。真丝类、锦纶类面料的高温蒸化条件是在 66.8 ～ 78.4 kPa 的气压下气蒸面料 30 ～ 45 min，棉、黏纤类面料的高温蒸化条件是在 68.6 ～ 78.4 kPa 的气压下气蒸面料 40 ～ 50 min。高温蒸化后的面料方可进行水洗、固色等后整理工作。

三、蜡染作品赏析

贵州的苗族蜡染在我国蜡染作品中最具代表性，下面将列举苗族蜡染的几个作品做深入赏析。

（一）月亮山型蜡染

月亮山型蜡染的产地分布在贵州省黔东南的丹寨县、榕江县、雷山县及毗邻的黔南州三都县。此地区大部分属于月亮山区，故称这类蜡染为月亮山型蜡染。贵州其他地区民间蜡染一般用于衣服装饰，但月亮山区域的蜡染除用作服饰外，还用于床单、被面、门帘、背包、包袱布等日常生活用品，种类繁多，造型、纹饰具有很强的地域性，形成了与其他地区相异的风格样式 [1]。

1. 三都一带的蜡染

三都一带的传统蜡染花纹有长直线、锯齿线、钩形、半圆形、梅花形、麦芒形、正方形、井字形、制钱形、旋涡形、水牛角形、网形等。其中旋涡形和水牛角形两种，传说是祖先遗留下来的花纹形状，不得擅自修改，更不能舍弃。这种世代相传的花纹以几何图形为主，绘满全幅，不留空隙，见图 5-26。

图 5-26　旋涡形月亮山型蜡染作品

① 李洁 . 贵州苗族造型艺术的地域文化研究 [M]. 南昌：江西美术出版社，2018：139.

2. 榕江一带的蜡染

榕江地处黔东南，这里的兴华乡苗族蜡染极有特色，多见龙的纹样。龙纹主要绘于 13 年举行一次的"鼓社祭"庆典的鼓藏幡上，见图 5-27。龙形似蛇体，或盘旋，或舒展，头部有锯齿纹。有的鼓藏幡上的蜡染分为 12 个方块，描绘出 12 种不同的几何纹图案，如鱼、蝶、蚕等。

图 5-27　龙纹月亮山型蜡染作品

（二）飞云山型蜡染

飞云山型蜡染线条流畅严谨、疏密有致、整齐对称，工整秀丽而不刻板庸俗，具有独特的审美价值。飞云山型蜡染织品大到床单、被套、衣服、围裙，小到帽子、手帕等，图案皆具有对称、严密、饱满、细腻的特点。同时，各种纹样排列巧妙，组合规整紧凑，布局常常物连物、物套物，空隙间则以点或线均衡地进行装饰，给人以充盈而不呆板、充实而不繁缛的美感，见图 5-28。

图 5-28　飞云山型蜡染被套

飞云山型蜡染的产地分布在贵州省黔东南自治州的黄平县（重安、重兴、黄飘、塘都、谷陇、代支、马场、崇仁、新州、罗朗、浪河）。此地区围绕着飞云山的飞云崖，故称这类蜡染为飞云山型蜡染。飞云山型蜡染一般采用蓝色印染，同时配以橘黄色刺绣，耀眼醒目、独特别致。飞云山型蜡染图案中常见的有蝴蝶、蝙蝠、燕子、藤葛、石榴、太阳、月亮、星星灯等形象，然后通过粗细不等的线条将这些形象组成较复杂的图案。此外，飞云山型蜡染中还有一个典型图案——螺纹，见图 5-29。

图 5-29　螺纹飞云山型蜡染

（三）乌蒙山型蜡染

乌蒙山型蜡染的产地散布在贵州省六盘水市的六枝特区，黔西北的毕节市、织金县、黔西县、纳雍县、赫章县，以及安顺市普定等广大地区。此地区大部分属于乌蒙山区，故称此类蜡染为乌蒙山型蜡染。乌蒙山型蜡染纹样描绘精细，画面也很饱满。纹样主要是几何形纹，其中有一些是自然纹的变异，以蝴蝶纹最为多见。自然纹主要出现在小幅蜡染上，以鸟纹居多。这里的妇女在点蜡时不需要底样，传统的纹样依靠口手相传，创新纹样全凭直接手绘，不需要借助其他工具。其他地区的人们常常夸赞她们画的线可以用直尺量，圆形可以用圆规量，分毫不差，见图 5-30。

图 5-30　乌蒙山型蜡染作品

（四）扁担山型蜡染

扁担山型蜡染主要分布在安顺及镇宁一带的苗族、布依族，他们喜欢在袖口、襟边、衣背脚、背扇（即儿童背带）上装饰蜡染花纹，且以背扇上的蜡染最精美。蜡染的传统纹样分自然纹和几何形纹两类。自然纹取材于花、鸟、虫、鱼等自然物象，但又不拘泥于自然物的原形。几何形纹样一般采用四面均齐或左右对称的形式，力求整体效果统一。点、线、面组成的图案纹样配合得当，主次分明，疏密有致，富有节奏感和韵律感，其中点子纹较常见。镇宁一带的布依族蜡染则以螺旋纹、圆点纹、光芒纹等几何图案为主，以白色和深蓝、浅蓝为基调，色泽淳朴，层次丰富，见图5-31。

图5-31　扁担山型蜡染作品

第三节　夹染

一、夹染的图案造型

（一）蓝白夹染图案

1. 蓝白夹染百子图案

百子图案有着子孙满堂、吉祥如意的寓意，因而百子图自出现后便长盛不衰，极受欢迎。每条百子被面有16幅图案，每幅图中通常为二童子或四童子，也有六童子、八童子，有喜庆热闹、兄弟和睦的寓意。

（1）四童子图

四童子图以两人为一组，两两倒置排列。这种特殊画面是根据江浙等沿海地区的夫妻有穿腿而睡（同睡在一个被窝里）的习俗设计的，如房间朝向为南，则床铺亦为南向摆放，夫妻东西各睡一头，因而无论从哪个方向看，均可以看到正面图案，被子也无需分清上下。图中上方两童子站立，下方两人倒置后蹲立，两童子作嬉戏状，活泼可爱。童子的身边为花草，脚下则以落英修饰；四周的边框外，以梅花、竹叶相称，蕴藏着希望孩子长大后能够正直、坚强、有气节的美好期望，见图5-32。

图5-32　四童子图

（2）八童子图

八童子图以四人为一组，上下对称，左右均衡。上面的一组四童子均站立，中间两人手持荷花，象征和谐美满；另一组中间两人站立，两边的童子蹲立，并与荷花为伴，与上方童子呼应，取意"和合"，寓意家庭和睦。八童子形态各异，表情神态似在嬉戏，一派祥和的景象。童子图案外侧以回字构成八边形边框，框外以廿字不断头构成吉祥底纹，用梅花装饰，整个画面丰富而紧凑，寓意富贵繁荣。图案白多蓝少，尤其童子的造型优美，细线简洁，画面动静结合、相互映衬，有着极强的对比效果，需要较高的雕刻技巧，见图5-33。

图5-33　八童子图

2. 蓝白夹染状元图案

状元图案取自相关戏曲及民间故事，描绘的是一个书生通过科考成为状元，从而功成名就，平步青云。百姓借之期望自家丈夫或孩子能够出人头地，有所成就。

（1）状元回家图

图 5-34 表现的是状元回到家中与妻子、孩子相聚的情景。画面中心为两童子相向而对，后侧的童子与父母相伴，而状元与妻子则缓缓走在中间。状元微微前躬上身、头部略侧，与妻子开心地交谈着，而妻子也略侧过来，只是微笑着，满脸欣慰。众人身后以竹叶为衬，取意除旧迎新，即告别之前的苦日子，迎来美好的新生活。外侧为两个六边形构成的空心边框，其间以散花装饰；边角为喜鹊登梅的图案，寓意喜上眉梢；而下方边角为凤戏牡丹，寓意大富大贵。

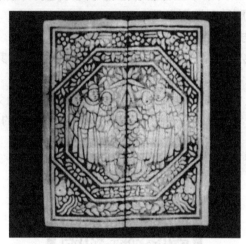

图 5-34　状元回家图

（2）状元升官图

图 5-35 表现的是状元平升三级后，在随从的伴随下在外巡视。整个图案用回字纹构成，象征好运绵延不断。图案中状元神态自若、踌躇满志地望着前方，而随从则弯着腰，手举华盖跟在状元身后，虽也是笑意不少，却与状元的神情差之甚远；华盖的飘带随风摆动，为整个图案增添了动态美感。圈外四角各为一盏花灯，为状元及第添加了喜庆气氛。上下方最外侧也各有一个回字边框，与里面的回字边框呼应，寓意富贵不断。整幅画面极具喜庆气息，且人物刻画细致，白多蓝少，需要极高的雕刻与印染技艺。

图 5-35　状元升官图

3. 蓝白夹染动植物图案

动植物题材在夹染中往往用于边角等处，起装饰辅助作用，整幅画面以动植物为主题的则较为少见。

（1）喜鹊与牡丹图案

图 5-36 描绘了喜鹊与牡丹，画面近处两朵牡丹在其他花草的衬托下，愈显其丰腴与富贵，两只喜鹊正站在远处的牡丹下，似为牡丹之美所吸引。画面边框左右两侧为回字纹构成的图案，四角为暗八仙，之间衬以梅花、竹子。整个画面表现出辞旧迎新、富贵不断的寓意。

图 5-36　喜鹊与牡丹图案

（1）鲤鱼跃龙门图案

图 5-37 所绘为鲤鱼跃龙门，是动植物题材中的佳作。画面近处为两条从水中跃起的鲤鱼，荡起的水纹及鲤鱼身上的鱼鳞层次分明。远处为一座三层的"龙门"，古人以三、六、九为概数，此处也应作此理解，体现出跃过龙门的艰难不易。龙门上的琉璃瓦片排列有序，屋檐处云雾缭绕，

亦表现出龙门高耸入云天。画面以八边形为框，框外以喜鹊登上梅花树梢为衬，寓意喜上眉梢，似准备为鲤鱼跃上龙门、化身真龙后庆祝。

图5-37　鲤鱼跃龙门图案

（二）彩色夹染图案

1. 朵花团窠对雁图案

朵花团窠对雁纹夹染方绢的四角和边框由团花修饰，中心纹样为牡丹和对雁，中心圆的外框用16朵团花连成，牡丹花与外层小花之间为8只两两相对、振翅欲飞的大雁。整个图案以蓝色染地、团窠圈等，橘色染对雁、花瓣等，而由牡丹与菊花组成的吉祥花朵的绿叶则是在蓝色地上加染黄色后形成的，画面色彩丰富、造型优美，见图5-38。

图5-38　朵花团窠对雁纹图案

2. 朵花团窠对鹿纹图案

朵花团窠对鹿纹夹染绢的四角为团花，中间为团窠图案。团窠外侧为一双层框架，框中间为以朵花连成的连珠环；团窠中心纹样为花树和对称的双鹿，鹿身健硕，昂首对立。花树和鹿上方以数朵团花相衬。整个画面以橘红色为地，同时鹿身、树干等处套以蓝色，但未染色的图案勾边处不同于一般的夹染，略显不清晰，见图 5-39。

图 5-39　朵花团窠对鹿纹图案

二、夹染的工艺方法

（一）夹染画版制作工艺

夹染花版分为凸版和镂空版两种，现将两种花版的制作工艺和方法分别介绍如下。制作好的夹染版需要放在水中浸泡，以防止干裂变形，同时增加花版的防水性，在染色时能起到良好的防染作用。

1. 凸版夹染画版制作技艺

（1）画稿

画稿要用墨笔在白纸上先把所需的图案画好，贴在木板上待刻。有些技艺娴熟的民间艺人，可直接在木板上轻画底稿，依照画样雕刻的第一套花版称为母版。夹染的花版大多数是以老的雕刻花版为母版，把花样替下，其方法就像拓印一样，将墨刷在母版上再用白纸盖上，压紧后将花纹拓下，然后贴在新的木板上待刻。

（2）裱版

裱版时将待刻的木板正面朝上置于台上，用稀糨糊在木板上均匀地刷一遍，然后将粉本或绘有图案的纸样平贴在木板上，用棕毛刷在粉本上由左向右轻刷，使粉本（民间把拓本称为"粉本"）与木板整齐地粘贴。

（3）雕刻

雕版前首先在木板上依次刻上编号，然后用超口刀起刀，其三角形的一面刀口靠近轮廓线条，右手握住刀把，刀柄向外侧倾斜约 45°，左手用大拇指的第一关节拢住刀头，控制进刀位置，不准刀口过"花"。先沿粉本图案的任意一条墨线在木板上拉出一道明显刻痕，业内称"发刀"。将木板平面转至另一侧，将超口刀的刀刃紧贴图案的墨线，再拉出一道有一定斜度的刻痕，两条刻痕线位置要正确。然后用平口刀先凿去一层，剔去木屑，形成凹形截面。接着按上述方法用平口刀借助小榔头根据花纹一刀一刀地凿过去，再用小号平口刀倾斜45°从两刀中间凿过去，如遇圆形就换圆口刀用同样的方法凿去。雕版时，握刀要稳，下刀要准，用力要均匀，切忌"过刀"，过刀容易造成点状花纹在夹制过程中脱落。

（4）打孔

打孔俗称打眼，非镂空花版为了使染液能顺利地在阴槽中流动，需要在花版上打孔，这在雕刻花版中是难度大且极细致的一道工序，每块花版至少要打十个以上直径为 0.3～0.6 cm 的孔，使花版上下左右联通。难度最大的是在人物花纹的眼、鼻、口处打孔，要求花版中三个孔相通，使染液自由流通、进出自如。一套夹染花版质量的好坏主要看人物脸部五官的清晰度。雕刻夹染花版和其他门类的雕刻略有不同之处：其他雕刻下刀时通常都是先让徒弟大致起样，再由老师傅精细雕刻；而夹染版的雕刻工艺却正好相反，先由老师傅将大致的轮廓雕好，再交给徒弟细做，最后再由师傅检查是否有漏刻的部位，特别是眼部的水路是否通畅，以及镜像对称的两块版是否能贴合对准。

2. 镂空夹染画版制作技艺

镂空版的制作程序与凸版大致相同，但在雕刻方式上存在较大差异。具体方法为按照需要雕刻图案，用钻头在纹样上钻一个小孔，然后将线状锯条从洞中穿出，按照纹样的线条拉锯。在依照纹样锯板材时，应注意使锯条上下垂直，用力均匀，将纹样大体锯出成形后，再使用雕刻刀对纹样的两侧进行修边，同时将花版表面不需要的部分刻除。最后使用锉刀和砂纸将纹样侧面及花版表面打磨平整。

（二）蓝色夹染浸染技艺

吴慎因在《中国纺织科技史》上发表的《染经》中说："有平阳人祖传以雕凿夹板花为业，一条三幅被料，划分为九宕，每宕衬以花卉、鱼鸟、云水之纹，名状元花又名八仙被，加箍麻索浸入染缸中，使蓝水从板洞漏入，提了四五缸，拆箍摊晒即成。"浙南蓝色夹染的染色工艺属于典型的单色浸染，工艺没有彩色夹染烦琐，染制出的蓝色夹染作品主要应用于被面。由于传统布匹门幅的限制，四幅相拼才可以达到一般被面的门幅，因此就需要用 17 块花版一次印制出 16 个不同的图案，俗称"四四十六堂"；17 块雕版中首末两块为单面花版，中间 15 块为双面花版，且夹紧织物的相邻两块花版雕刻的图案相同，可印制出 16 个纹样不同但左右对称的图案。蓝色夹染浸染技艺的浸染流程如下。

1. 脱脂退浆

挑选优质布料，用碱水等助剂浸泡，然后用清水清洗，可将厚重的面料放在脚盆中踩踏，将纱浆和棉脂全部挤出后再清洗，晾干待用。退浆是印染棉织物前必要的一个步骤，有利于棉布在染色时上色均匀。

2. 整理坯布

取长度为 10 m 的棉质坯布，先把坯布的门幅对折，因被面是由四幅图案拼接而成，所以把长度平分为四份，折成 2.5 m 长的四层布叠。接下来用靛蓝颜色给坯布做上记号，供装花版时参考，通常用手指或与花版等长的直尺作为测量工具。做记号时，首先在坯布的中心点处做一不明显的标记，然后以此为中心，左右依次做上对称的记号。先在中心点左右各截取 7 ~ 8 cm 长（约四指宽），这就是相邻图案间隔的距离，俗称短布间，接着用直尺量取花版的长度并依次做记号，再重复一次短布间及花版长度记号，此时布的两端剩下的部分即为长布间，染成后在此长度中裁剪，便可得四段印有四个图案的四幅长条。将做好记号的布卷起待用。

3. 装钉花版

将铁制的夹染框架摊平放开，将 1 号单面花版放在铁架上，把卷好的坯布松开，按所做的记号，把对折布边同花版中心边缘对齐摆平，接着放 2 号花版，要求同 1 号花版的花形对准放齐，以布边记号为准，不断重复放置坯布与花版，放置完成后将铁架框套住花版，用螺丝旋紧或木楔敲紧，以防渗入染液。为了防止花版外的布边堆积导致染色不均衡，还要在铁架边上用竹片挂上小钩，把布边逐一勾起，使布边染色时充分氧化且不影响染液在花版中的流通，使花版中心的布料染色均匀。

4. 染料配色

把靛蓝染料倒入小缸中，5 kg 染料一般配 4 kg 石灰、5 kg 米酒并加适量水搅拌，使靛蓝水变黄，水面上起靛沫（民间俗称"靛花"）时，即可倒入大缸待染（配制时，可视染料、米酒的浓度情况做调整）。染液温度保持在 10 ℃ 以上 [①]。

5. 间隔看缸

每天清晨看缸师傅会看大缸里的染色水是否成熟。旧时，调色下缸由看缸师傅一人做主，一般不传外人。

6. 下缸染色

夹染布版重达 20 kg 有余，不易徒手操作。民间师傅运用杠杆原理，将一根竹竿从五分之一处绑紧吊起，并在一头装上钩子，另一头用绳、砣牵压在不同的位置。将夹染布版横放，把打好结的绳子系在固定夹版的铁架中，并吊在竹竿的钩子上，然后另一端抬起竹竿，并把铁架连同花版一起放入染缸，半小时取放一次。每次取出夹版时，要将夹版搁在木制的架上左右摇晃，让花版中心的染液能从版孔中流出，使染好的织物经过空气氧化还原，颜色才能逐渐加深，并保证花版外的布边同时上色。这样反复浸染 6～8 次，直到颜色满意为止。

7. 拆卸花版

染色结束后，将夹版架抬离染缸，拆除夹版框架，再将 17 块花版依次卸下，取出布料。经靛蓝染液的染制，蓝白图案跃然布上，白坯布变成了印有 16 块图案各异、纹理清晰的夹染花布。

8. 漂洗晾晒

夹染完成的布要经过多次漂洗，去除浮色，而后用竹竿挑至晾晒架上，晾干即可。

（三）彩色夹染注染工艺

彩色夹染工艺与蓝色夹染工艺类似，都是采用木质花版夹染防染显花技法。精美的彩色夹染是传统印染中的一枝奇葩，它将传统的雕刻工艺与植物、矿物染色技艺相结合，是后人难以超越的技法。彩色夹染主要见于唐代至明代的遗存。一块品质好的夹染制品需要将雕刻平整的花版、质地优良的面料、装置花版的熟练技法与娴熟的注染、浸染技艺相结合。夹染是传统染缬中最为复杂的一种工艺，其工序颇多，花版相对不易保存，再加上宋朝政府的干预，夹染的流传在时间和范围上都不及蜡染、扎染以及后来出现的蓝印花布，但其技艺、纹样价值作为印染史上不可替代的一部分，至今仍值得不断研究和探索。彩色夹染注染技艺

---

① 吴元新编 . 中国传统民间印染技艺 [M]. 北京：中国纺织出版社，2011：180.

主要分为凸版花版注染和镂空花版注染。

1. 凸版花版注染

选择凸版注染的布料不宜过厚，可采用较薄的罗或纱质织物。首先根据图案需要决定面料折叠的层数，如需得到花纹重复的效果，可将面料对折或折成重叠的"W"形，再置于夹版中。凸版注染主要是用两块雕刻有相同图案且镜像对称的花版夹紧布料，将木条置于版的上下以捆紧整块夹版，并在木条与夹版的空隙中插入木楔紧固花版，以使夹版与布充分贴合，这是传统的捆绑式。现在用得较多的是用铁具夹紧花版。花版上的每个封闭图形区域都有若干凿孔透至版背，凸版的阴刻凹槽颇深，沟渠各成区域，染色时可以根据色区的需要，在不同凿孔中注入不同颜色，如只有少数几个色块需要其他颜色，可以先注染这些部位的颜色，染好后用木楔将孔堵住，再将整块花版投入染缸浸染。

2. 镂空花版注染

镂空花版注染主要是利用多块刻有相同花纹且完全镂空的木质花版夹紧织物，则织物上与木质花版接触的部分，由于被夹住而染不上颜色。染色时，在镂空纹样的不同区域中注染所需的颜色，使得染液渗入织物上色。因此，镂空版印制夹染制品所需的布料均为较薄的丝织品，容易渗色，以利于获得较好的注染效果。如果布料较厚，坯布多层折叠将导致染料无法渗透，造成坯布中间层无法上色，染色效果会较差。在进行一次注染后，可依据图案色彩需要，再次注入其他颜色的染料进行复染。在夹染的染制过程中，夹紧花版的过程很重要，如果夹不紧，染色时就容易渗开染液，不同色区的颜色就会混到一起，相互影响。注染完成后将夹版卸去即可。

第四节　敲击染

一、敲击染的理论概述

（一）敲击染的基本概念

自然中的一花一叶都是美丽的，但是花会凋谢，叶会飘零，要留住它们的美好，可以借用植物敲击染的方式。敲击染指的是将植物直接放置于织物上，敲击植物，使植物的汁液渗入织物中，留下植物自然的色彩、形状和纹理的植物染色工艺，见图 5-41。

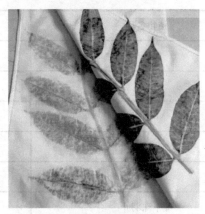

图 5-41　植物敲击染

利用自然中的花、草、茎叶等进行的植物敲击染，属于植物染中比较冷门、简单的类别，这种技术类似于古老的押花工艺，但只是通过拓印保留花草隐约的痕迹。夏日里那些美丽的花朵或容易凋谢的花朵，通过植物拓印的方法，留下了香味、纹理、色彩，以及那些有关遇见的温馨画面。两块布、一把槌或一块石，加上随手可得的花花草草，一件原形原色的作品就完成了，从杯垫到桌布、从收纳袋到休闲小包，从抱枕到窗帘，花草就这么自由自在、姿态优雅地走入了人们的生活。

（二）敲击染的常见植物

敲击染的常见植物见表 5-1。

表 5-1　敲击染的常见植物

类别	植物名称	色彩
花瓣	九重葛	粉红
	万寿菊	黄
	子母莲	紫
	裂瓣朱槿	紫（转色）
	金露花	紫
	非洲红	朱红
	牵牛花	绿

类别	植物名称	色彩
花瓣	凤仙花	黄（转色）
	柚木	红
叶子	羊蹄甲	绿
	三角西番莲	深绿
	铁刀木羽叶	浅绿
	叶下珠羽叶	绿
	苦楝羽叶	深绿
	马六甲合欢羽叶	绿
	吉贝木棉小叶	红褐（转色）
	南天竹幼叶	红
	赤胫散	锈红色
	野老鹳草	浅绿

二、敲击染工艺与作品

（一）敲击染的工艺流程

1. 材料准备

①素材：采集来的花、草、叶，盐水、铁锈水适量。

②布料：纯棉、亚麻、真丝、人造棉等（棉布用前先放入盐水中煮一下，以利于上色）。

③工具：锤子或鹅卵石、熨斗。

2. 操作步骤

第一步：从路边、公园、花店采集来新鲜植物，可花可叶。最好选择清晨时刻，因为植物吸收了夜间露水，汁水比较多，容易拓染。使用前，除去不需要的树枝和烂叶，用清水清洗浸泡片刻，让叶片水分充足，便于敲击出汁液。

第二步：将叶片从水中取出（以红叶举例）拭干水分，放在想拓染的棉布上，再在植物上方盖一层厨房用纸。

第三步：用铅笔标记下叶子的大致形状，先用小锤子或者石头沿着叶片的轮廓敲击，继而敲击叶片内部。敲的时候要用力，尽量一次性析出植物的色彩。敲击至叶片的汁液流出，渗透进棉布。感觉叶片全身都被充分敲击之后，可以掀开上层纸巾看看是否敲击完整，若发现有些地方的汁液尚未完全渗透，就再重复敲几次，见图 5-42。

图 5-42　敲击

第四步：敲好后，用熨斗熨干，熨烫的时间不能太长，烫平整就行。然后轻轻揭下叶片，难以揭起的部分可以轻轻用手指搓去，见图 5-43 和图 5-44。

图 5-43　敲击前　　　　　　　　　　图 5-44　敲击后

第五步：若是要棉布持色长久，可以在干透后用盐水洗一下，或者蘸取铁锈水涂在叶片部分。

相对平整的叶片来说，拓染花朵就要复杂许多。因为花朵多是立体的，难以固定。最好先将花瓣轻轻摘下再进行敲击，也可以把花蒂、花蕊取出后，用胶带固定花朵进行敲击，见图 5-45。

图 5-45 花朵的敲击染

布料不同、敲击器具不同，会产生不一样的效果，即使是同一次拓印，受力程度不同，拓得的效果也完全不同。有些拓面的色素丰富，拓出来的颜色就很饱满；有些拓面的纹路很清晰，就可以看见叶片的叶脉。成功的作品带有一种浑然天成的美，保有植物完整的叶脉经络，就像是植物的灵魂被捕捉了下来。

（二）敲击染作品赏析

图 5-46 和图 5-47 是笔者的敲击染作品，其中图 5-46 用到的植物是赤胫散。赤胫散，又名散血草，一年生或多年生草本植物，具有锈红色晕斑，叶缘呈淡紫红色，茎较纤细呈紫色。图 5-47 用到的植物是野老鹳草，一年生草本植物，色彩淡绿。

图 5-46 赤胫散敲击染作品

图 5-47 野老鹳草敲击染作品

第五节　拓染

一、拓染的基本概念

拓染指的是将植物直接置于织物上，然后包裹在植物里，再将布放入小锅中，用煎煮的方法染色。这种方式能留住植物天然的颜色和轮廓。

二、拓染的工艺与作品

拓染工艺和敲击染工艺有相似之处，这里着重介绍拓染工艺与敲击染工艺的不同之处。

第一步：收集植物，这一步可参考敲击染，但是拓染更加注重植物的形状，敲击染更加注重植物的色彩。

第二步：将植物合贴地固定在染色布料上，并将布料卷成一团等待染色，见图 5-48。

图 5-48　固定植物

第三步：将布料浸泡在染色溶液中，用煎煮的方法染色，见图 5-49。

第四步：晾干，拆开布料团，清洗，固色。图 5-50 是笔者的拓染工艺作品。

图 5-49　浸泡染色　　　　图 5-50　拓染工艺作品

第六节　水煮染

一、水煮染的基本概念

水煮染指的是将植物的色彩溶解在染液中，再将待染织物浸泡在染液里进行熬煮，这种方法能够将植物的色彩均匀地染在织物上。

二、水煮染工艺与作品

工具：电磁炉、不锈钢煮锅（负责煮染料）、大容量不锈钢盆（因为要经常做恒温加热，一定要加厚底，多备几个洗涤时用）、搅拌棍（光滑木棍或 PPR 热水管）、过滤网（可用细眼大漏勺）、手套（耐热性的扎染专用手套）、围裙、测温计，等等。

水煮染的工艺流程如下。

第一步：在染色之前，所有面料先要做染前处理，使其达到最佳的染色状态。棉麻白坯的处理最为烦琐，需要做 1～2 h 的水煮脱浆，煮布时须加入肥皂水，煮完再用清水洗涤干净备用。丝毛面料一般只经过浸泡即可染色。在染色之前，面料一般要用清水浸泡 30 min 以上，使之浸透，拧干后再浸入染液中，这样染色容易均匀。

第二步：按照植物与清水的一定配比，先将染色植物用清水在煮锅里浸泡 30～60 min。高温煮沸后，小火煮，30 min 后过滤出染液倒入盆中。

　　第三步：面料在染液中浸染煎煮，上色之后捞出面料，洗涤干净。可重复进行染制，即复染，颜色会逐渐加深。图 5-51 是笔者水煮染色的作品。

图 5-51　水煮染色作品

　　此外，水煮染中熬煮出来的植物染料也可以用作植物染料绘画，图 5-52 是笔者的植物染料绘画作品。

图 5-52　植物染料绘画作品

　　上述的扎染、蜡染、夹染、敲击染、拓染和水煮染都是我国传统植物染手工工艺的代表。其中扎染工艺的图案具有一定的随机性，体现出自由灵动、层次渐变的美感，其中扎结手法是扎染工艺图案造型的关键。蜡染工艺的图案承载着丰富的民族文化传统，具有较深刻的象征意义。夹染具有较为固定的图案式样，表达着人们对美好生活的追求与祝愿，画版的制作是夹染工艺中较为关键的环节。丰富的天然植物为敲击染、拓染提供了源源不断的创作题材，色彩艳丽的植物色彩是水煮染的原料来源。这几大传统植物染手工工艺共同体现着我国博大精深的服饰文化。

第六章　植物染料的染色牢度与防蛀抗菌剂研究

染色牢度是衡量植物染料质量的重要指标，在人们越来越注重生活品质的如今，大众对纺织品植物染料的染色牢度提出了越来越高的要求。同时，人们对纺织品的防蛀与抗菌作用也极其关注，而植物源防蛀剂与植物源抗菌剂以其生态、健康的性能能够有效地解决这一问题。本章便对植物染料的染色牢度及植物源防蛀剂、植物源抗菌剂展开深入、全面的探究。

第一节　植物染色牢度材料与工艺

一、色牢度的类别

对纺织品加以染色处理之后，染料一定要和所染纺织品形成非常牢固的结合，否则在之后的加工与运用过程中会出现褪色的情况。人们常用染色牢度来衡量染料的染色质量，色牢度的高低和人体的健康具有直接的联系。色牢度低的产品，在穿着过程中碰到雨水、汗水，染料就会脱落进而褪色，染料分子与重金属离子等都可能进入皮肤为人体所吸收，这会对人体的健康造成一定的危害，还会导致穿着者身上的其他衣服被沾色。色牢度低的衣物和其他衣物一同清洗会与其他衣物发生沾色。由此可见，色牢度是非常重要的。

植物染色牢度的类别具体包括耐水色牢度、耐洗色牢度、耐汗液色牢度、耐摩擦色牢度、耐光色牢度与耐唾液色牢度等。

（一）耐水色牢度

耐水色牢度是指织物颜色在水中浸渍时的牢度。测试物品耐水色牢度的方法是：将纺织品试样与一块或两块规定的贴衬织物贴合在一起，浸没到水中，将水分挤掉，置于试验装置的两块平板中间，使其承受规定的压力。干燥试样和贴衬织物，用灰色样卡评定试样的变色和贴衬织物的沾色。

（二）耐洗色牢度

耐洗色牢度为织物颜色在肥皂等溶液中洗涤时的牢度。耐洗色牢度具体包含两项内容，分别为原样褪色与白布沾色，原样褪色也就是织物在皂洗前后的褪色情况；白布沾色是指与染色织物同时皂洗的白布，由于染色物褪色而出现沾色的情形。耐洗色牢度和染料的化学结构具有紧密的联系。水溶性染料由于含有水溶性基团并且染料和纤维之间的结合键能十分微弱，如果染色之后并未经过固色处理（封闭其水溶性基团或提高染料分子与纤维之间的结合力），那么耐洗色牢度通常较低，经过固色处理后的染色物，耐洗色牢度能够获得一定的提升。水溶性较差或非水溶性的染料，其耐洗色牢度通常比较高。虽然活性染料的水溶性十分优良，但由于染料与纤维之间能产生具有较强键能的共价键结合，因此耐洗色牢度较好。

耐洗色牢度还和染色工艺的执行情况有紧密的联系，如活性染料的水解、固色不充分，浮色多、染色后水洗及皂煮不良，都会造成耐洗色牢度下降。此外，耐洗色牢度还与洗涤方式及洗涤剂具有一定的联系，中性洗涤剂的性能比较优越，碱性强的洗涤剂容易使染色织物产生色光变化。

天然色素的特性直接影响着植物染料染色织物的耐洗色牢度的优劣情况。如果是需要运用媒染剂进行媒染的染料，若将其直接染色，一般染色牢度比较弱，如果使用较为适当的媒染剂，使其具有良好的金属盐键合能力，那么耐洗性能就较为优越。一般借助铝、铁媒染剂染色的织物，其耐洗涤性较为优良。如果使用重铬酸钾媒染时，伴随氯化聚合，耐洗涤性能会更好，但因其不具环保特性，在生态纺织品中被禁用。

（三）耐汗液色牢度

耐汗液色牢度为织物的耐人工汗液的色牢度，是指在模拟人体汗液的情况下测试染色织物的变褪色及沾色牢度性能的指标。耐汗液色牢度具有两种类型，分别为耐碱汗与耐酸汗。汗液评定有褪色及对贴衬织物的沾色两种。

（四）耐摩擦色牢度

耐摩擦色牢度为织物与其他物体摩擦时沾染其他物体色泽的色牢度。摩擦牢度通常分为两种，分别为干摩擦牢度与湿摩擦牢度。染色织物的摩擦牢度与染料在纤维上的分布状态具有密切的关联。染料具有较为优良的透染性，表面不存在浮色，那么摩擦牢度就较高。主要按摩擦沾色的情况评定其摩擦牢度等级。为了使染色的颜色深度得到明显的提升，而运用高浓度的染液，予以反复性的染色，通常用这种方式得到的染织物的摩擦牢度并不良好。如果采用稀淡的染液，进行重复性的浸染，使之充分浸透，最终用含金属盐媒染剂予以处理，可能得到摩擦牢度高的染色织物。

（五）耐光色牢度

耐光色牢度为染色织物在日光等光线曝晒下的色牢度。通用的试验方法是将供试验的染色织物和标准色样同时放在日光等光线下曝晒，然后将试样的褪色程度与标准色样的褪色程度进行对比，从而获得相应的评价。在一般的试验当中，其照射光源通常以日光为基础光。但日光照射的试验具有较长的周期，运用起来并不便捷，因而事实上采用较多的是人造光源，对其进行日晒加速试验，常用的方法有人造日光氙弧灯试验仪法。

（六）耐唾液色牢度

耐唾液色牢度为织物的耐唾液的色牢度。专用于 3 周岁及以下的婴幼儿使用的产品。其测验方法是：将纺织品试样与规定贴衬织物组成的组合试样，在人造唾液中浸透，随后经过恒定压力、温度和一定时间处理后，用灰色样卡评定试样的变色情况和贴衬织物的沾色程度。

在日常生活与纺织品的相关生产当中，根据产品的最终用途及原材料的特性，对染色牢度提出的要求也并不完全相同。但国外对各个最终产品的染色牢度并未给出确切的标准，只是在贸易之中，依据各个公司的要求予以实施。我国国家标准对不同材质的纺织品提出了确切的染色牢度要求，从而可以看到各类别染色牢度的标准。

二、提升植物染色牢度的材料与工艺

（一）利用稀土助剂提高染色牢度

稀土能够使部分化学染料中染织物的染色牢度得到一定的提升，如分散染料上染涤纶纤维。稀土能够在接近中性的条件下形成沉淀并且析出，借助稀土的特性，在酸性、弱酸性条件下能够与植物染料共同对羊毛织物进行染色。稀土是一种毒性较低的物质，与铁的毒性大致相同。稀土类物质在动物体内几乎被全部水解，形成氢氧化物的胶体和沉淀，所以较难被吸收。根据长期对动物喂食稀土的试验，并未发现稀土会对动物的生长产生一定的抑制或者危害。此外，通过对稀土产生环境的调查，也并未发现会对人体造成危害的物质。

用水萃取法提取的苏木红色素染液或用酒精萃取法提取的紫草色素染液，运用无媒染法或者预媒染法对羊毛织物进行染色，其工艺曲线如图 6-1 和图 6-2 所示，用稀土固色的工艺曲线如图 6-3 所示。染液浓度为 100%（干植物重 / 织物重），浴比为 1∶25，pH 为 6，媒染剂浓度均为 5%（o.w.f.），稀土浓度为 5%（o.w.f.）。染色工艺流程为：织物→染色→漂洗→固色→烘干→冷却。

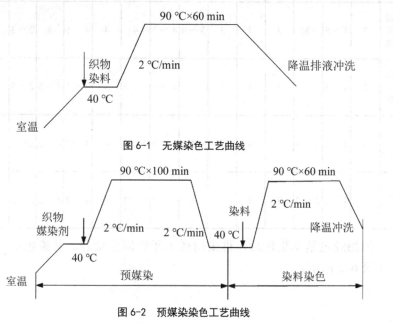

图 6-1　无媒染色工艺曲线

图 6-2　预媒染色工艺曲线

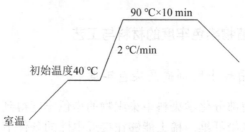

图6-3　稀土固色工艺曲线

织物在经过苏木染色以后，再采用稀工予以固色处理，其染色牢度的对比如表6-1所示。

表6-1　稀土固色处理对苏木染色牢度的影响

苏木染液	耐洗色牢度（级）			耐汗渍色牢度（级）			耐水色牢度（级）			耐热压色牢度（级）		耐摩擦色牢度（级）		耐光色牢度（级）
	原样变化	毛布沾色	棉布沾色	原样变化	毛布沾色	棉布沾色	原样变化	毛布沾色	棉布沾色	原样变化	棉布沾色	干摩	湿摩	
无媒染	2	4～5	2～3	3	3	2～3	3～4	4～5	4	4	4～5	4～5	2	1～2
铝媒染	2	4～5	3	3	4	3	3～4	4～5	4	4	4～5	4	2～3	2
铁媒染	2	4～5	2～3	3	3	3	4	4～5	4～5	4	4～5	4～5	2～3	3
稀土1	3	4～5	2～3	3	4	3	4	4～5	4	4	4～5	4～5	2～3	3
稀土2	3	4～5	2～3	3	4	3	4	4～5	4	4	4～5	4～5	2～3	3

织物经过紫草染色后，再采用稀土予以固色处理，其染色牢度的对比如表6-2所示。

表 6-2　稀土固色处理对紫草染色牢度的影响

紫草染液	耐洗色牢度（级）			耐汗渍色牢度（级）			耐水色牢度（级）			耐热压色牢度（级）		耐摩擦色牢度（级）		耐光色牢度（级）
	原样变化	毛布沾色	棉布沾色	原样变化	毛布沾色	棉布沾色	原样变化	毛布沾色	棉布沾色	原样变化	棉布沾色	干摩	湿摩	
无媒染	2~3	1~2	3	3~4	3	4	3~4	3	4	3~4	2~3	2~3	1~2	2~3
铝媒染	3~4	3	4	4	4~5	4~5	4	4~5	4~5	3~4	3~4	3	1	3~4
铁媒染	3~4	1~2	2	4	3	4	4	3	4	4	3	1	1	4
稀土1	3~4	3	4	4	4~5	4~5	4	4~5	4~5	3~4	3~4	2~3	4	3~4
稀土2	4	4~5	4~5	4	4~5	4~5	4	4~5	4~5	3	4~5	4~5	4	2

对处于同一条件下的无媒染与稀土固色予以比较，运用稀土固色之后，染色牢度具有了显著的提升，然而试样的颜色具有细微的区别。在紫草染色实验中，稀土固色后，试样的染色牢度，除湿摩擦牢度以外，其他都符合国家的标准，并且耐光色牢度达到 3 级以上，其他色牢度也都提升了 1 级，甚至有的超过了 1 级。"稀土 2"的实验是采用稀土和紫草染液同浴染色，根据测试的结果能够发现，试样的染色牢度除了耐汗渍色牢度和耐光色牢度没有达到国家标准，其他的色牢度指标都达到了国家标准。对同一条下的媒染剂与稀土的效果予以对比，稀土产生的效果是最佳的。苏木染色实验中，试样在经过稀土处理之后，其染色的牢度得到了一定提升，耐光色牢度提高到 3 级，达到了国家标准，但稀土固色之后试样的颜色会存在一定的偏差。

（二）利用 209 助剂提高染色牢度

纺织染整助剂，是指在纺织加工的过程里，为了使加工的工艺得到一定的改进，同时为提升操作效率、改善纺织品质量和服用性能而加入的一些辅助化学品。助剂有较为繁多的品种，209 助剂主要用于提高苏木染色的耐洗色牢度。209 固色剂的主要成分是胰加漂 T，属于阴离子型，颜色呈微黄色，形状为胶体状，pH 为 7.2 ～ 8.5。其能够较好地洗涤纤维，尤其是毛发、羊毛、丝绸，在毛纺工业中用于印染后，可以将浮色洗除。209 洗涤剂主要用作纺织精练剂和净洗缩绒剂。

染色工艺可以参照稀土加工工艺，助剂浓度为 1%（o.w.f.），其工艺曲线如图 6-4 所示，实验结果见表 6-3。

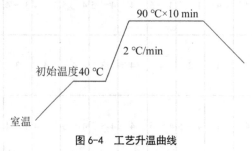

图 6-4　工艺升温曲线

表 6-3　使用助剂后染色牢度对比

苏木染液	耐洗色牢度（级）			耐摩擦色牢度（级）	
	原样变化	毛布沾色	棉布沾色	干摩	湿摩
实验 1	1	4 ～ 5	2	4	2
实验 2	3	4 ～ 5	4 ～ 5	4 ～ 5	2 ～ 3
实验 3	2 ～ 3	4 ～ 5	4 ～ 5	4 ～ 5	2 ～ 3
实验 4	3	4 ～ 5	4 ～ 5	4	2

注：实验 1——未使用洗涤剂无媒染；实验 2——使用洗涤剂（无媒染）；实验 3——使用洗涤剂（铝媒染）；实验 4——使用洗涤剂（铁媒染）。

根据表 6-4 可以发现，在尚未采用 209 助剂时，试样的耐洗色牢度的原样变化只有 1 级，没有达到国家标准；在采用了 209 助剂之后，试样的耐洗色牢度获得了显著的提升，铁媒染的耐洗色牢度的原样变化提高到 3 级，符合国家标准，铝媒染与无媒染的耐洗色牢度也提升了 1 ～ 2 级。

提升染液上染织物染色牢度的方法较为多样。面对不同的染料植物，采用的方法也具有显著的区别。运用媒染剂与固色剂，都可以使植物染料的染色牢度得到一定的提升。试样通过锡盐媒染的处理之后，染色牢度得到了最为显著的提升。稀土对紫草的染色牢度的提高效果也很明显。因此，可以从染色工艺、加工处理等方面着手，对植物染料的染色牢度进行一定的改进。

第二节　植物源防蛀剂研究

羊毛纤维是一种天然蛋白质纤维，蛋白质是营养源，因而导致毛纺织品较易受到虫蛀，致使质量下降。这种现象已引起毛纺界的高度重视。防蛀加工对提高毛纺织品的质量档次和扩大其应用范围有着非常关键的作用。毛纺织品的防蛀功能需经防蛀整理才能获得。鉴于化学合成防蛀剂存在缺陷，从环保、安全的层面思考，植物源防蛀剂的应用，可以有效解决毛纺织品防蛀整理中的生态、健康等问题。

一、羊毛防蛀整理的现状

对羊毛及其制品造成损害的蛀虫较为多样，以鳞翅目蛾蝶类的衣蛾及鞘翅目甲虫类的皮蠹虫为主，它们的消化系统含有一种可破坏二硫键的还原性物质，能使二硫键断裂，造成羊毛蛋白质分解，并从中吸取一定的营养物质，从而蛀蚀羊毛。

羊毛及其制品的防蛀方法包括以下几种，分别为物理性预防法、羊毛化学改性法、抑制蛀虫生殖法和防蛀剂化学驱杀法等。物理性预防法多采用刷毛、真空贮存、加热、紫外线照射、冷冻贮存、晾晒和保存于低温干燥阴凉通风场所等方法，要避免害虫在羊毛纤维上附着，或者使其难以存活，或将其杀灭。羊毛化学改性法是将羊毛纤维进行化学改性形成新而稳定的交链结构，从而干扰与阻断害虫、幼虫对羊毛进行消化这一环节。

防蛀剂是指用于预防、驱避或控制蛀蚀皮毛、纤维制品、图书、字画等蛀食性害虫（黑皮蠹、花斑皮蠹、衣蛾、衣鱼等）的药剂。毛纺织品应用的防蛀剂种类非常繁多，有升华型防蛀剂、无色酸性染料结构防蛀剂、氯化联苯醚类防蛀剂、氧桥氯甲桥萘防蛀剂和合成除虫菊酯类防蛀剂等。1917 年，Meckbath 发现黄色染料 Martius Yellow DNA 有防蛀性。拜尔公司的德国化学家合成了一系列三苯基甲烷衍生物，极大地推动了防蛀剂的发展。防蛀剂 Eulan New 和防蛀剂 Eulan CN Extra 的性能与酸性染料十分接近，能够与染料同浴。1939 年，汽巴－嘉基公司推出防蛀剂 Mitin FF，这是一种无色氯化酸性染料，与防蛀剂 Eulan New 和防蛀剂 Eulan CN Extra 相比，其湿牢度更高。拜尔公司在 1958 年开发了防蛀剂 Eulan U33，1961 年又开发了防蛀剂 Eulan WA New。这两种防蛀剂具备的活性组分是一致的，可以对衣蛾类蛀虫的防治产生较好的效果。防蛀剂 Mitin LA Conc 是汽巴－嘉基在 1970 年推出的，之后其又推出了防蛀剂 Mitin LP。1958 年澳大利亚开发的防蛀剂 Dieldrin，有效成分为氧桥氯甲桥萘，由于其对哺乳动物与水生动物等有较高的毒性，并且会在环境中停滞较长一段时间，因而基本上被禁止使用。为了替代狄氏剂，又合成了以拟除虫菊酯为基础的防蛀剂。天然除虫菊酯的特征是具有较低的毒性，杀虫活性十分优良，但不耐光，容易发生水解，所以将其用作防蛀剂并不适宜。通过改变除虫菊酯的化学结构，合成了拟除虫菊酯。拟除虫菊酯类防蛀剂对羊毛的亲和性十分优良，自身的毒性也较低。江苏金坛建昌化工助剂厂开发的 JF-86 就是以拟除虫菊酯为主要有效成分的整助剂，经过国际羊毛局测试中心活性成分的测定，明确其防蛀效果十分优良；通过上海市化学品毒性评价标准化技术委员会的毒性评审，明确其对人体大致上并无毒性，对皮肤也不会产生任何的刺激，因而其用作羊毛防蛀剂十分适宜。在德国汉诺威举办的国际地面铺装展览会 Domotex 2007 上，展示了英国 Catomance 科技公司与新西兰羊毛局联合开发的产品防蛀剂 Mystox MP，这是用于羊毛和羊毛混纺地毯防蛀处理的一种高效、环保的助剂。从对水生生物体毒性的环保危险评估可以发现，相较于氯菊酯防蛀剂，Mystox MP 的毒性要低得多。北京洁尔爽高科技有限公司开发生产的羊毛防蛀剂 WAI 用于处理羊毛与其他动物纤维制品，其防蛀性能可以达到国际羊毛局防蛀等级标准规定的最高等级，且并无任何的异味，经过洗涤与日晒之后可以使防虫蛀的性能得到较为持久的保持。防蛀剂 WAI 属基本无毒、非致突变物，无致癌、致畸、致突变作用，不会对人体皮肤造成一定的刺激。

二、植物源防蛀剂的含义

当前，羊毛制品的防蛀整理大体上都是运用化学助剂。化学助剂会造成毒性和环境污染问题，有的虽然毒性较低，但仍旧无法达到生态的标准。植物源防蛀剂是以植物为原料，从中提取一些具有防蛀功能的色素，其能够可再生降解且没有任何毒性。它通过拒食、忌避、抑制生长发育、毒杀、麻醉、性外激素等作用，影响蛀虫的神经、消化、呼吸等系统和蛀虫激素的代谢，形成光活化毒素，达到对蛀虫的生长、发育等环节的破坏，从而实现防蛀功能[①]。

三、植物源防蛀剂 KC-CT 的制备

植物 KC 是一种落叶乔木，从其干燥树皮及根皮中提取的褐色 KC-CT 色素具备较好的防蛀效果。其能触杀红蜘蛛、菜青虫、蚜虫等农作物害虫，属于植物杀虫剂。KC-CT 防蛀剂主要运用水萃取法进行有效的提取，主要工艺流程为：植物 KC →洗涤→晾干→中药粉碎机粉碎→常温型染样试验机萃取→混合→过滤浓缩→植物源防蛀剂 KC-CT；萃取工艺为：温度 100 ℃，时间 90 min，浴比 1∶20，萃取 2 次。

四、植物源防蛀剂 KC-CT 的染整方法

KC-CT 防蛀剂是一种色素，凭借上染到纤维之上的方式发挥防蛀的作用，因而其染色工艺和防蛀性能的关联性较强。染色工艺曲线如图 6-5 所示，在一定的温度、保温时间、染液 pH、浴比和植物染料用量下，可以运用直接染色法对 100% 精梳羊毛机织物予以染色。

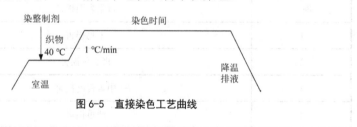

图 6-5　直接染色工艺曲线

五、植物源防蛀剂 KC-CT 对毛织物的防蛀性能

使用以上最优染色工艺对羊毛织物予以染色，并将试样送往国家毛纺织产品质量监督检验中心（上海）进行检测，从而完成对羊毛织物防蛀性能的评价。

（一）试验方法

① 试验试样。从较大面积的样品中任取 8 块，试直径为 40 mm，其中 4 块放入蛀虫幼虫进行防虫蛀试验，另外 4 块作试样控制回潮。

② 控制蛀蚀试样。试验需对蛀蚀情况予以控制，根据试样取 8 块未经染色且尚经过防蛀虫处理的粗纺织物，其中 4 块用于控制蛀蚀，另外 4 块作蛀蚀试样控制回潮。控制蛀蚀试样可以检验试验是否有效并证实幼虫的活力。

③ 将上述 16 块试样在相对湿度为 65%±2% 湿度为 25℃±1℃ 的条件下放置 24 h，之后放置于电子天平上进行称量，精确至 0.1 mg。除 8 块用于控制回潮的试样外，在其余 8 块试样中各放入 15 条蛀虫幼虫，并在试验条件下置于黑暗中 14 d，14 d 后将控制蛀蚀试样和防虫蛀试验试样取出，将排泄物与杂物进行一定的清扫，再逐个称量试样。

④ 计算试样与控制蛀蚀试样因蛀蚀的失重 Δm，测算公式如下：

$$\Delta m = (m_0 - m_3)/m_2 - m_1$$

式中，m_0 为加入幼虫前的试样或控制蛀蚀的试样质量（mg）；m_1 为移去幼虫后的试样或控制蛀蚀的试样质量（mg）；m_2 为控制回潮试样原重量的平均质量（mg）；m_3 为控制回潮试样最后重量的平均质量（mg）。表 6-4 为试样可见表面损害情况，表 6-5 为试样可见蛀蚀破洞情况。

表 6-4　试样可见表面损害情况

编号	可见表面损害
1	未见损害
2	极少见损害
3	中等程度损害
4	严重损害

表 6-5　试样可见蛀蚀破洞

编号	蛀蚀破洞
A	未见损害
B	纱线或纤维的部分被蛀断
C	纱线或纤维的部分被蛀断，有些小孔
D	数个蛀蚀大洞

（二）结果与讨论

经过国家毛纺织产品质量监督检验中心（上海）检测，试验试样评定防虫蛀效果为 1A 级，控制蛀蚀试样评定防虫蛀效果为 4D 级，也就是说试样防蛀达到了合格。

第三节　植物源抗菌剂研究

在人类生存的环境中，细菌、真菌等微生物是广泛存在的。纺织品因具有多孔的物体形状和高分子聚合的化学结构，而成为微生物进行生存、繁殖的优良载体。为了使人类的健康获得更好的保护，人们开始注重抗菌纺织品的探究与应用。抗菌纺织品是指在不改变纺织品本身感官和物理化学性能的前提下，通过各种抗菌剂有效处理纺织品，其不仅能够推动纺织品自身有效地抵抗微生物的分解变质，也能够使附着于纺织品上的微生物失去生存或者繁殖的功能。植物源抗菌剂是从植物中提取出的一种具有抗菌功能的色素，在染色过程中，用良好的染色方法使纺织品有效吸收具有抗菌功能的色素，从而使染后的织物具备良好的抗菌能力。

一、抗菌性植物染料

植物染料不但具备染色功能，并且许多植物染料本身便是优良的中草药，因此还具有保健功能。研究证明，这些天然染料在染色过程中，其药效活性成分、保健功能成分和天然色素成分可以一起被织物吸收。有的天然色素成分就是药效活性成分，能够使染色之后的织物发挥特殊的药物保健作用，如抗菌、消炎、防虫、抗过敏、抗氧化、防辐射、促进血液循环等。例如，栀子中的主要色素为栀子黄素，其成分主要包括西红花苷、西红花酸和黄酮类化合物。其中西红花苷可以较为有效地改善心脑血管的情况，并具有抗肿瘤活性与抑菌活性。栀子中的另一种色素 —— 栀子蓝，为栀子苷（具有消炎、利胆之功效）与氨基化合物的产物。又如茜草的主要色素成分为茜素、紫茜素，其中茜素又名 1，2- 二羟基蒽醌，对金黄色葡萄球菌、肺炎双球菌、流感杆菌和皮肤真菌都有抑制作用。板蓝根的化学成分含芥子苷、靛玉红、吲哚苷、BETA- 谷甾醇、腺苷、棕榈酸和蔗糖等。白族扎染就是以纯白布或棉麻混纺的白布为原材料，用蓼蓝板蓝根、艾蒿等天然植物为染料，其中板蓝根运用得较多。由于板蓝根具有良好的清热解毒的作用，所以扎染布也可以对人体皮肤起到消炎保健的功效，因而在我国极受欢迎。除此之外，自然界中常见的黄芩、姜黄、苏紫、桑葚等，也是非常优良的抗菌性植物染料。对于这些天然植物，应当进行充分的开发，将其合理地应用于纺织品加工之中[①]。

中草药抗菌、抗病毒的物质基础是活性成分，多为生物碱、苷类、酸类、酮类、醛类、酚类和挥发油等，如小檗碱、白头翁素、穿心莲内酯、苯甲酸、大黄素等，都是十分优良的活性成分。抗菌、抗病毒中草药的活性成分均能直接抑制或杀灭细菌、真菌和病毒，抑制细菌、真菌的繁殖和病毒的复制，参与细菌和霉菌的生化过程，改变其酶和细胞膜等。

二、植物源抗菌剂在纺织品中的应用研究现状

一直以来，人们对植物染料的着色作用较为重视，但对于其使织物具备的其他功能，如抗菌、消炎、驱虫等功效，人们的关注度并不高。而在国外，日本中岛建一等人研究了黄檗、五倍子、石榴、苏木和诃子五种植物染料在不同浓度的染液和染色织物中的抗菌性能。这五种植物染液对肺炎杆菌均无抗菌活性；但对于黄色葡萄球菌，在浓度为 50%（o.w.f.）时，黄檗染液会出现较大的晕圈，在浓度为 100%（o.w.f.）时，五倍子和苏木染液产生晕圈，在浓度为 250%（o.w.f.）时，五种染液均有晕圈，并且晕圈的宽度随着浓度的增加而增大。运用无媒染工艺的染色织物的抗菌活性与染液一致，随着浓度的不断提升，一些植物表现出抗菌活性。用醋酸铝、醋酸铜媒染工艺相较于无媒染工艺，其染色织物的晕圈都更小。定量试验时选用黄色葡萄球菌，对比黄檗和洋葱在不同浓度及不同媒染剂条件下染色织物上的活菌数可以发现，活菌的数量随着染液浓度的升高而减少；在减少活菌数方面，黄檗产生的效果相较于洋葱更加显著；媒染剂的运用能够使植物染料的抗菌性下降。

日本有研究人员采用黄檗、青茅草、西洋茜草等约 20 种植物，配成一定浓度可染色的染液，对其抗菌活性予以定性评价。可以发现，黄檗能够有效地阻止阳性黄色葡萄球菌，一切植物都无法阻止阴性肺炎杆

---

① 周莹，王进美. 植物源抗菌剂在纺织工业中的应用及前景 [J]. 现代纺织技术，2008（6）：72-74.

菌。采用黄檗制作的普通浓度和高浓度（普通浓度的 5 倍）染液对黄色
葡萄球菌都有明确的阻止圆；在染后绢织物的抗菌性试验中，上述两种
浓度的黄檗染液都确认有阻止圆，这说明抽样液的抗菌性在染色之后也
可以较好地保持。而青茅草、艾蒿等植物染料都不能确认有阻止圆。

美国内布拉斯加大学林肯分校的 Shinyoung Han 等人研究了用姜黄素
染色的羊毛织物的抗菌性能。他们选取大肠杆菌和金黄色葡萄球菌，对
染料浓度与染后织物的 K/S 值和抑菌率之间的关联进行了深入的探究、分
析，并对染后织物的抗菌性的耐水洗和耐日晒性进行了测试。研究结果显
示，姜黄素作为一种天然染料，对毛织物进行染色之后，可以让织物得到
良好的抗菌性能；经过常规 30 次洗涤后，织物对金黄色葡萄球菌和大肠
杆菌的抑菌率分别为 45% 和 30%，经过日晒后，织物对大肠杆菌的抑菌
率显著下降，表明染后织物抗菌性的耐水洗性优于耐日晒性。根据姜黄
素浓度及织物的 K/S 值与织物抗菌性之间的关系，可以构建各自的数学模
型，从而在不经过抗菌测试也可以对其抗菌性进行合理的预测。

印度的 Rajni Singh 等研究人员选取儿茶、紫胶虫、没食子、茜草和
长刺酸模五种天然染料对羊毛织物进行染色，首先定性分析了五种染液
对大肠杆菌、枯草芽孢杆菌、肺炎克雷伯氏菌、变形杆菌和绿脓杆菌五
种常见菌种的抑制作用。试验显示，没食子染液对五种菌种都具备非常
显著的晕圈，除绿脓杆菌外，儿茶对其他四种菌种都有明显的晕圈，茜
草和长刺酸模能够有效抑制肺炎克雷伯氏菌，紫胶虫对五种菌种都不具
备抗菌活性；随着染液浓度的增加，抑菌晕圈的直径不断地增大。在这
一基础之上，Rajni Singh 等选择抗菌性较为优良的没食子与儿茶对毛织
物进行染色，并对染后织物的抗菌性能展开定性分析。结果显示，相较
于儿茶，没食子染后织物的抑菌率更高。虽然两者所含的主要抗菌成分
均为鞣酸，但其抗菌性具有显著的区别。这和其染料结构，特别是功能
基因有较大的关联。

大连工业大学的全绍华、吴坚等人对姜黄、大黄、黄连和黄芩的抗
菌性能进行了测试。结果显示，植物染料在染色的同时使织物具备了非
常良好的抗菌性，对金黄色葡萄球菌、大肠杆菌、肺炎杆菌、绿脓杆菌
均有一定的抗菌性；姜黄、大黄、黄芩染色的羊毛织物对金黄色葡萄球
菌具有极高的抗菌性，对大肠杆菌、肺炎杆菌、绿脓杆菌的抗菌性略差；
染色试样在经过水洗之后仍旧具备一定的抗菌性。贾源等人将决明子作
为染料对织物进行染色，产物不但对皮肤没有致敏性与致癌性，而且有
良好的抗菌、防虫的作用。徐淑梅等人采用一种人工引种驯化的东北硬
紫草根作为原料，提取出色泽鲜艳、着色力强、性能稳定、色阶高，且

具有抗炎、抗菌、抗病毒等药用功能的天然保健紫草红色素。龚枫砰采用姜黄、黄檗、山栀子、虎杖、红花、白及、黄芪、紫草和青黛九味中草药，制备出一种黄色保健染料，其能抑制肝炎病毒和流感病毒、皮肤真菌、多种阳性球菌和阴性杆菌，杀死钩端螺旋体和血吸虫成虫，使冠状动脉血流量得以加大，并显著提升耐氧能力，从而降低血压。由该染料染制的布料可制成各种防病治病的保健衣物。东华大学的沙香玉等人通过几种植物染料的最小抑菌浓度（MIC）的定量比较，从中筛选出抗菌性能最强的植物 W-CT 和 H-CY，并对植物染料染色织物的抗菌性及其染色性能进行了系统的研究。

三、植物源抗菌剂的制备方法

采用水萃取法，具体萃取工艺为：将植物源材料清洗、粉碎后，以软水浸泡 12～14 h，从而确保植物材料得到充分、全面的浸润；在浴比 1∶30 的 100 ℃的水中萃取 90 min；待萃取液冷却后，通过筛网进行过滤，将滤渣重复萃取一次，将两次萃取液混合、浓缩、定容后，置以待用。

四、植物源抗菌剂的染整方法

植物源抗菌剂是一种色素，通过染色的方法对织物予以整理，即植物源抗菌剂抗菌整理的方法，这也是染色的方法。

植物源染料的染色方法主要包括两种，分别为直接染色与媒染染色。直接染色法是用植物染料的萃取液对织物试样进行直接染色，这种方法不但非常简便、容易操作，并且减少了金属离子的运用，但其染色牢度并不优良。媒染染色是利用铁、铝、铜、锌等盐类作为媒染剂，依据媒染剂的加入次序，可分为预媒染、后媒染和同浴媒染。在植物染料染色中，通常使用预媒染法。采用直接染色和预媒染两种染色方法的主要流程如下。

直接染色：染液制取染色→水洗→皂洗→水洗→干燥。预媒染：媒染→染色→水洗→皂洗→水洗→干燥，具体染色工艺曲线如图 6-6 所示。所用的织物为 48 公制支数的纯羊毛斜纹机织物，采用浓度为 2%（o.w.f.）的无水碳酸钠和浓度为 3%（o.w.f.）的 209 洗涤剂对染后织物进行后处理。后处理的浴比为 1∶30，温度为 90 ℃，时间为 30 min。

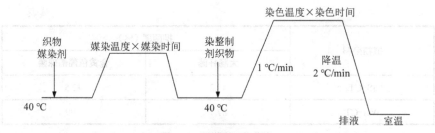

图 6-6 预媒染工艺曲线

五、植物源抗菌剂染整的毛织物的抗菌性能

分别用 KI-CT、YW-CT、JS-CT 和 WG-CT 萃取液对羊毛织物进行有效的处理。抗菌试验有效性判定结果见表 6-6，对照样的细菌增长值 $F > 1.5$，也就表明试验有效。直接染色后织物的细菌生长情况和抑菌率分别见表 6-7 和表 6-8。

表 6-6　试验有效性判定

菌种	C_1（个 /4 μL）	C_2（个 /4 μL）	F
大肠杆菌	1.00×10^3	8.03×10^6	3.9
金黄色葡萄球菌	1.03×10^3	1.29×10^7	4.1

表 6-7　直接染色后织物的细菌生长情况

菌种	平均菌落数（个 /4 μL）				
	C_1	S_1	S_2	S_3	S_4
大肠杆菌	1.27×10^7	0.96×10^7	1×10^7	0.67×10^7	1.56×10^6
金黄色葡萄球菌	5.27×10^6	3.65×10^6	3.03×10^6	3.03×10^6	0

注：（C_1 为对照培养后的平均菌落数，S_1、S_2、S_3、S_4 分别为以 KI-CT、YW-CT、JS-CT、WG-CT 直接染色的织物培养后的平均菌落数。

表 6-8　直接染色织物的抗菌率

植物染料	抑菌率（％）	
	大肠杆菌	金黄色葡萄球菌
KI-CT	21.3	19.0
YW-CT	24.4	30.7

植物染料	抑菌率（%）	
	大肠杆菌	金黄色葡萄球菌
JS-CT	47.2	42.5
WG-CT	87.7	>99

通过表 6-9 可以发现，4 种植物染料都能够有效抑制大肠杆菌与金黄色葡萄球菌，其中 KI-CT、YW-CT 和 JS-CT 的抑菌率较低，都低至 50%以下；WG-CT 具有最为明显的抗菌作用，对大肠杆菌的抑菌率达到了 80% 以上，对金黄色葡萄球菌的抑菌率可达 99% 以上。可见，WG-CT 萃取液的抗菌性良好。

第七章　植物染在现代服饰中的设计应用

植物染因其独特的民族气息而有着独特的美感，是我国从古代传承下来的独特艺术。植物印染的面料色彩符合中国传统含蓄的特点，气质古典优雅。传承至今的中国传统艺术不能故步自封，而应与当今的时尚与审美相结合，创造出符合现代人审美的服饰类型。植物染还要与当代快节奏、寻求简单方便的生活方式相适应，融入国际时尚元素，结合国际流行的形式，使用解构主义进行重新设计，并利用多种设计理念丰富设计的风格和形式，创造植物染的无限可能。

第一节　植物染在现代服饰中的创新运用

植物染艺术一直保持着传统的中国元素，保留了其淳朴、简约、素雅的设计理念。植物染在现代服饰中的创新应用主要体现在色彩、纹饰、材质上，可以从中发掘植物染艺术作品深层次的表现形式，为植物染艺术的发展提供借鉴意义。

一、色彩方面的创新运用

色彩是植物的本心，古人常用《诗经》中的"青青子衿""青青子佩""绿兮衣兮，绿衣黄裳"等最质朴但永恒的方式，记载历史中曾经闪现过的耀眼色彩。传统植物染的色彩多以朴实的表达方式呈现，具有独特的自然魅力，而现代植物染艺术不仅可以在布上染出颜色，随着工艺的进步，其还可在布上呈现多种颜色，层次感丰富。天然草木所具有的自然颜色，带给人一种素雅柔和、含蓄内敛的感觉，在设计作品中都能感受到其独特的韵味。

传统植物染设计的服装颜色多偏厚重、单一，且因为工艺技术的局限性，染色性能不佳，固色能力不足，给人以陈旧感。现代植物染服饰设计中，如图7-1所示，作品的色彩从浅至深，衣领处均有深色装饰，在整体效果表达上更加协调一致。在大众偏爱的黑色系列服饰中，又运用浅色过渡，在发挥植物染传统工艺优势的同时，结合了现代时尚潮流，完美展现了植物染在现代服饰中色彩的应用，尤其是裙子的设计，裙摆处层次性体现得非常明显，带给人们清凉飘逸的感觉。

图 7-1　植物染现代服饰设计

现代服饰中对渐变色的运用愈加广泛，它的变幻、融入、交叠令单一的颜色有了层次感，这种朦胧的意境也增添了几分梦幻的感觉。对于不喜欢色彩过多的服装的人来说，渐变色是很好的选择，一种基本色的深浅变换，造就的层次感和谐又有变化。渐变色彩富有艺术气息，运用到各种服饰单品上都呈现出时尚的魅力。柔和晕染开来的色彩，从明到暗，或由深转浅，从一个色彩过渡到另一个色彩，呈现出多彩视觉感。如图 7-2 为植物染服饰作品，其将白色与不同层次的蓝色相结合，渐变色彩使植物染服饰的整体效果更加强烈。以服饰中蓝色的运用为例，传统草木染、蓝染基本呈现出厚重的靛蓝色，而现代植物染结合现代工艺技术染出了图 7-2 中不同层次、不同深度的蓝色，现代草木染设计更显时尚感、艺术感。三种不同层次的蓝显得人物更加端庄静雅，充分体现了现代时尚潮流，充分展现了女性的美。除了表达植物染服饰色彩层次性过渡之外，还有一种表现形式，即将植物染染色不均的缺点加以运用，以提高色彩差别度，浅底深纹，使植物染色更为自然、清新，色彩搭配相得益彰，更能体现植物染传统工艺的精髓。款式设计上依旧注重中国传统文化理念，在此基础上结合现代服饰设计元素加以修饰，收腰、肩部廓形的设计更加凸显了女性的柔美。

图 7-2　植物染现代服饰设计

现代服饰中植物染工艺作品更加注重对传统工艺技艺的沿袭，尊重植物染传统工艺色彩的层次性，在服饰整体表达上有从深至浅、从浅至深两种方式，在提升植物染服饰美观度的同时，也给人们带来良好视觉体验，传递了植物染艺术的美学价值。

二、纹样方面的创新运用

现代服饰设计师不再局限于传统的纹样装饰，而是借用其中一些具有代表性的纹样设计加以创造、改变，将传统纹样图案融入具有时尚感的现代服饰作品中，使消费者在不断地了解和感悟中，体会作品的意境，从而得到全新的感受。

中国传统植物染艺术最具代表性的为蓝印花布，它是中国传统的镂空版白浆防染印花，又称靛蓝花布，俗称"药斑布""浇花布"，其最初以蓝草为染料印染而成。蓝印花布用石灰、豆粉合成灰浆烤蓝，经过全棉、全手工纺织、刻版刮浆等多道印染工艺制成。古代称之为"灰缬"，日本称之为"蓝染、草木染"。

简单、原始的蓝白两色，能创造出一个淳朴自然、千变万化、绚丽多姿的蓝白艺术世界。蓝印花布的纹样图案都来自民间，多反映百姓喜闻乐见的事物，寄托着他们对美满生活的向往和朴素的审美情趣。在题材和内容上，经常通过汉字的谐音来表达吉祥的寓意，如"喜上眉梢"直接借"喜鹊"的"喜"，并以"梅梢"通"眉梢"，来表达人们希望喜事临门、幸福、快乐的美好愿望。而"连年有余"则因为"莲"与

"连"谐音，"鱼"与"余"谐音，于是莲花、莲蓬和鱼这三种常见的事物被组合成吉祥纹样，以表达生活富足的吉祥意义等。老百姓健康和质朴的心灵，在民间蓝印花布上得到了形式和内容上的完美统一，因而蓝印花布确实真实地反映了一种深厚的文化和艺术积淀。

现代植物染纹样设计已经不再仅仅是情绪的表达，更是与时尚的完美融合。图7-3所示为草木染运用于现代服饰中的纹样作品，这件草木染作品突出表现了花纹元素的应用，在蓝白色搭配与绿色枝叶的衬托下，花纹生动逼真，使衣服整体效果的体现更为自然，尊重了植物染传统工艺的艺术表现，提高了现代植物染服饰的整体美观度。

图7-3　现代植物染服饰纹样

现代植物染扎染出来的布，颜色古朴，图案变化丰富，用染好的布来做布艺和服装，有一种别样的风情。其所散发出自然韵味让人记忆尤深，有仿佛泼墨画一般的神奇效果。每一件作品扎的手法不同，即使大概的形状可能有数，但是最终的效果完全是随意的，其中的深浅层次，人为根本无法控制，也正是这种随意让这种手工渲染的魅力更加迷人。如图7-4所示，白绿相间的泼墨印花，色彩清新飘逸，穿上之后犹如将一幅富有诗意的春景着于身上，面料轻柔，行走间影随风动，飘逸十足。泼墨印花图案给予人迷离飘逸的视觉感受，配以轻盈柔滑的真丝材质，为女性增添了温婉气息。图案与百褶裙的搭配，典雅而新颖，百褶裙衬托出雅典女神般的高贵优雅，而泼墨印花图案则给这份端庄添加了一丝活力，既展现女性的高雅气质，又时尚而不沉闷，充满都市的风情。

图 7-4　植物染现代服饰设计

传统纹样多是从自然界找寻灵感，普遍以对称形式表现，这种对称式纹样趋于简洁。从传统过渡到现代的植物染艺术，纹样的设计发展趋势越发地随性、自然，不再局限于表达寓意，更注重与服装款式、颜色、面料的融合。

三、材质方面的创新运用

现代都市生活节奏快、物欲重，人们渴望回归自然、回归本土。植物染艺术在艺术创作方面，需要充分考虑人的生理特点和需求，对物的结构、材料、造型等因素进行恰当的、合理的设计。传统植物染因为染色工艺不够先进，固色能力不强，所以多选用纯天然的、易上色的丝绸、棉麻，以及毛线。

现代植物染涉及的面料材质广泛，如莫代尔、真丝、混纺，材质比较柔软、飘逸，染料会根据材质的肌理形成自然流畅的色彩，呈现出一种自然、素雅的美。

植物染的丹宁（牛仔）面料在现代的应用尽显时尚魅力（图 7-5），蓝色的运用，跟丹宁（牛仔）面料的本色相融，且材料环保、健康。

同样环保的还有另一种材质，即植物染皮革。未来，身上穿着的皮鞋、皮带、皮衣，手上拎的皮包，口袋里的皮夹，将不再是靠残杀各种动物取得。英国皇家艺术学院博士伊卓莎（Carmen Hijosa），发明了一种质感、纹理、耐用度都不比真的皮革逊色的"植物皮革"，如图 7-6所示。皮革制品一直是素食者与动物保护人士批判且嫌弃的产业，皮革不仅获取的过程残忍，且制造与染色过程必须添加诸多化学药剂、有机溶剂与漆料，不但毒害人体，产生的高浓度废水、有机污染物，都难以被微生物分解。植物皮革不仅不用残害动物的生命，还符合持续发展的环保理念，其废弃物完全可被生物分解。

图 7-5　植物染牛仔服饰

图 7-6　柚木叶子纯素植物皮革环保手握包

要让植物染这种传统的技艺在当代语境下焕发新生，最好的传承是应将其贯穿于人们的生活中，通过材质再创造让传统文化焕发新的生命力，让其以新的姿态呈现在大众面前，让更多的人喜欢上植物染艺术。

第二节　植物染在现代服饰中的应用案例

将植物染工艺运用于现代服饰设计，对于中国人来说，既是一种审美体验，也是一种文化传承。而在各类时尚文化不断碰撞交流的当今社会，植物染也在凭借其独特的艺术魅力征服着世界各国的设计师。因此，一批优秀的现代植物染服饰作品应运而生，慢慢地进入了人们的生活。本节将选取几个将植物染应用于现代服饰设计的品牌案例进行分析，使读者从中体会植物染服饰设计的艺术魅力。

一、楚和听香

楚和听香是一个高级服装定制品牌，为设计师楚艳所创立，其坚持对中国传统文化内涵的传承，于 2013 年开始在产品系列中运用植物染，服装面料以锦缎真丝为主，服装形制以传统服饰文化传承与创新为依据，色彩丰富。

致力于将中国传统文化在当代生活中重现价值的时装设计师楚艳携其品牌第三次在中国国际时装周上，即楚和听香·楚艳时装发布会上亮相时，带来了以"天物"为主题的 39 套服装，再一次用时装作品展现了其对于文化、时尚、生活方式的独特理解（图 7-7）。

图 7-7　楚和听香·楚艳时装发布会

这是一场充满了中国哲学意境的时装发布会，中国人自古到今奉行的便是"天人合一""道法自然"的哲学观。《天工开物》中有言："天覆地载,物数号万,而事亦因之。"意思是宇宙天地容纳万物,而物之纷繁复杂便由此衍生,事亦遵循相同的规律。设计师感悟中国哲学,研习传统技艺,从中国香、茶、玉、花四道中寻找灵感,在当代文化中重拾心性自然、淡泊宁静的古老生活方式,以滋养内心世界、提升生活品质。

在整场的 39 套服装中,看不到来自西方时装语系的明显造型语言,也看不到各种所谓当代艺术或未来探索的零乱夸张搭配,更没有摇滚的乖张、野兽派的疯狂和拜占庭式的华贵,一切都是淡淡的、轻轻的,在虚灵中有凝实,在空旷中融丰富。由"听香""问茶""论玉""念花"四个系列构成的这场时装发布会,用植物染色的丝、麻、羊毛等天然材质展现各种朴素自然的色彩渐变,从山水墨色到汝窑柔和的淡青,从冷艳的翠玉到温暖红茶的透亮汤色,加上梅兰竹菊的大量手绘,营造出典型的具有中华审美哲学的意境(图 7-8)。

图 7-8 楚和听香服装展示

特别值得一提的是,本次发布的服装大部分的面料都采用了中国传统的植物染技艺。设计师楚艳在中国植物染非遗传承人黄荣华老师的指点下,用蓝草、非洲小叶紫檀、栀子、五倍子、苏木、石榴皮等植物染料在纯天然的丝、麻和她亲自从克什米尔背回来的羊毛等面料上进行了手工染色,色彩淳朴自然,最终呈现出绚丽的效果。借用这次服装发布会大力推广这一几近失传的古老技艺,也是楚和听香关注环保、重视身心灵健康的最好体现。

二、例外

作为东方美学的当代发现者，例外坚持寻找杰出的手工艺术，包括刺绣、印染、针织、手工泼染、冷染、植物拓染等非物质记忆，并把这些技艺用于当代的服装产业的生产制作中。

2014 年，例外开始推出植物染系列，并将这一工艺沿用至今，意在推崇自然、环保的服饰美学理念。

例外在 2017 年春夏发布会上推出了植物染色系列服装（图 7-9），采用天然亚麻，款式设计以基本款为主，突出舒适的穿着体验，色系为较为质朴的大地色系，以红茶、靛蓝、栀子为主要染材。

图 7-9　例外 2017 "春融" 系列产品

2019 年 10 月，例外联合广州纤维品检测研究院初步完成了植物染料鉴别国家科研项目，主导推进植物染行业标准化项目，意在改善植物染服装产品缺乏标准监控和约束的现状，希望能为行业技术创新赋能，推动服装行业环保材料的研发与推广应用。

另外，例外前设计总监马可的 "无用" 品牌在 2016 年举办了一场名为 "寻衣问道" 的展览来分享手作衣裳诞生的故事，其中就有植物染手作艺人，旨在以品牌活动来宣传植物染服饰。

三、素然

ZUCZUG 素然最初是本土设计师王一杨在 2002 年创立的个人品牌，后来品牌定位逐渐转型为更加多元化的本土设计品牌。ZUCZUG 素然强调理性与适度的设计理念，尊重个体特质，以设计衬托出穿着者原有和潜在的个性魅力，强调设计者与衣着者之间的平等、互动与默契。ZUCZUG 素然注重真实与独立的品牌观念，关注服装背后的文化表达。追求生活的智慧，而非物质的多寡。独立思考，独立表达，无关潮流。

2016 年秋冬，ZUCZUG 素然推出手语系列女装，该系列坚持用天然植物染色，秉承可持续的设计理念，主打休闲通勤风格，以简约的款式搭配植物染色，突出健康环保的生活理念，其色系以蓝色、灰色为主，染材主要采用蓝靛、莲子壳等植物染料。如图 7-10 所示，将蓼蓝、菘蓝、木蓝等有机植物原料发酵而成的传统牛仔染色法移至非牛仔面料，连接天然古法与新鲜面料，色泽恒久，自然温和。

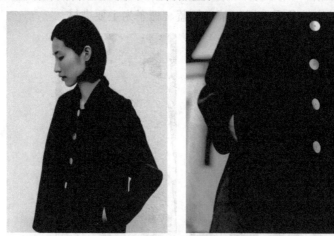

图 7-10　ZUCZUG 素然手语系列女装

四、市井蓝染

杭州手工植物染服装品牌市井蓝染 Indigohood 由主理人叶厂长创立于 2013 年，坚持发掘"蓝染 Indigo"的传统工艺，也通过品牌表达他们的世界观：潜身山林，隐于市井。市井蓝染以手工植物蓝染及草木染为核心工艺，通过服装去表达材质与颜色的质感，用植物的颜色去表达对生活的态度，用这门古老技艺去展现现代的审美，并与更多的人分享植物染色之美。2013 年，市井蓝染从最基础的染料开始，到染色环节，筹备了近两年时间，总算稳定了工艺，染色品质可与日本品牌相媲美，2015 年开始筹备服装产品线，但由于染色周期长，产品上新比较慢。蓝染产品本身颜色质感强，随着时间流逝，颜色也会更加自然。"筚路蓝缕，以启山林"，市井蓝染正在努力让蓝染这门传统工艺有更好的应用，让它重新回归人们的日常生活。

市井蓝染的服装大体上不分性别穿着，如图7-11所示的飞行夹克就是属于合身略宽松的剪裁，并不挑身材，且内有薄棉填充，蓝染服饰穿着的季节问题并没有受到太大的限制。此外，每一件衣服都是匠人的精心打造，譬如刺绣花就是经过复杂繁琐的手工艺制作而成，将蓝染工艺做到极致，细节入微（图7-12）。蓝染单品的种类也不仅限于服装，配饰如围巾、帽子、背包、鞋子等应有尽有，能满足蓝染爱好者的所有选择。

图7-11　市井蓝染飞行夹克

图7-12　刺绣工艺展示

五、Indigo People

荷兰的蓝染饰物品牌 Indigo People 由 Kiat Yen 和 Johan Van de Berg 创立于 2013 年，其对传统工艺和天然靛蓝有着无限的热爱。该品牌主打围巾、丝巾、领带、领结等配饰制作，向蓝染工艺致敬。

Indigo People 的每个产品都是手工制作，选用优质的靛蓝染料和编织以及蜡染印刷技术，将现代设计与传统工艺相结合，且每件产品都是小规模生产，所以是独一无二的。如图7-13所示的围巾就采用超精细的真丝材质或以手工纺制原棉打造，再交由人手工编织，并经过20 多次蓝染上色工序而制成，其追求呈现靛蓝色彩之美态且又能舒适柔软的佩戴。

综上所述，古老的植物染工艺凭借其材质的优越性和艺术设计的可塑性在当今的服装设计领域焕发了新生，无论是从色彩、纹样、材质等方面对其进行创新应用，还是在现代服饰设计中结合植物染艺术，利用品牌的影响力传承或者发扬植物染工艺，都体现出植物染在当代服饰设计中极高的实用价值。

图 7-13　Indigo People 蓝染围巾

参考文献

[1] 谭茗月. 植物染工艺简析 [J]. 艺术科技，2018（8）：122.

[2] 陈楠. 植物染 东方哲学 [J]. 纺织科学研究，2020（10）：52-53.

[3] 刘艳萍，赵冰. 浅论植物染技艺在服饰设计中的应用 [J]. 山东纺织经济，2020（9）：33-35.

[4] 姚纳川. 现代植物染服装设计特征探究 [J]. 艺术与设计 [J]，2020（1）：90-92.

[5] 尹春洁. 简析传统植物染技艺的现代文化价值 [J]. 外语艺术教育研究，2019（4）：40-43.

[6] 伊美，何静. 传统植物染制艺术的现状与发展研究 [J]. 艺术评鉴，2019（15）：181-182.

[7] 朱莉娜. 草木纯贞：植物染料染色设计工艺 [M]. 北京：中国社会科学出版社，2018.

[8] 田青. 中国植物染传薪 [M]. 北京：中国建筑工业出版社，2019.

[9] 赵翰生，王越平. 五彩彰施 [M]. 北京：化学工业出版社，2020.

[10] 于颖. 天然染料及其染色应用 [M]. 北京：中国纺织出版社，2020.

[11] 黄荣华. 中国植物染技法 [M]. 北京：中国纺织出版社，2018.

[12] 路艳华. 天然染料在真丝染色中的应用 [M]. 北京：中国纺织出版社，2017.

[13] 汤琼. 草木色：植物染笔记 [M]. 昆明：云南科技出版社，2017.

[14] 谷雨，郭大泽. 恋恋植物染 [M]. 南宁：广西美术出版社，2016.

[15] 田青. 中国植物染传薪 [M]. 北京：中国建筑工业出版社，2019.

[16] 田青. 国际植物染作品集 [M]. 北京：中国建筑工业出版社，2012.

[17] 德尔凡，吉通. 染色植物 [M]. 林苑，译. 北京：生活·读书·新知三联书店，2018.

[18] 箕轮直子. 草木染大全 [M]. 伊帆，译. 郑州：河南科学技术出版社，2019.

[19] 张丽琴. 草木染服饰设计 [M]. 上海：东华大学出版社，2018.

[20] 张学敏. 玩色彩：我的草木染生活手作 [M]. 武汉：华中科技大学出版，2018.

[21] 朱莉娜. 手工印染技法 [M]. 上海：东华大学出版社，2016.

[22] 鲍小龙. 手工印染艺术设计与工艺 [M]. 上海：东华大学出版社，2018.

[23] 汪芳. 手工印染艺术教程 [M]. 上海：东华大学出版社，2017.

[24] 鲍小龙，刘月蕊. 手工印染艺术 [M]. 上海：东华大学出版社，2013.

[25] 吴元新，吴灵姝，彭颖. 中国传统民间印染技艺 [M]. 北京：中国纺织出版社，2011.

[26] 侍锦，彭卫丽，田鑫，等. 中国传统印染文化研究 [M]. 北京：人民出版社，2016.

[27] 刘莹. 传统印染 [M]. 武汉：湖北美术出版社，2018.

[28] 先锋空间. 中式配色：传统色彩的新运用 [M]. 南京：江苏科学技术出版社，2018.

[29] 陈彦青. 观念之色：中国传统色彩研究 [M]. 北京：北京大学出版社，2015.

[30] 张康夫. 色彩文化学 [M]. 杭州：浙江大学出版社，2017.

结束语　植物染的未来展望

植物染料是从植物中提取的，与环境相容性好，生物可降解，而且无毒无害。合成染料虽然鲜明亮丽，但天然染料的庄重典雅也是合成染料不能比拟的。植物染料染色污染小，是未来纺织品发展的趋势。植物染料大多为中草药，具有不同的药理作用，如杀菌、消炎、抗病毒、活血祛瘀等，在给织物上色的同时，也使其中的药物成分与色素一起被纤维吸收，使织物具有特殊的药物保健作用。在当今人们崇尚绿色消费品的浪潮下，植物染料必将有更广阔的发展前景。但目前要使天然染料商品化，完全替代合成染料还是不现实的。天然染料给色量低、染色时间长的缺点制约了它的发展，因此，有必要改进传统的染色方法。由于天然染料长期未被重视，人们对许多过去知名的植物染料资源已知之甚少，重新认识和开发新的植物染料已十分迫切。此外，还可开发微生物植物染料或合成与植物染料化学结构相同的染料。植物染料顺应了人们迫切回归自然的渴求，将会在纺织品应用中占有一席之地。

一、利用生物工程方法使原材料供应充足

利用生物工程方法培育植物，可以使植物细胞生长速度加快，产量大幅度提高，从而减轻对自然界植物的依赖，得到性能好、产量高的天然染料，为染料工业开辟一条新路，从而实现规模化、标准化、连续化生产。现已人工培育出茜草、紫草、花麒麟等多种植物，人工培育的干紫草中含有紫草宁20%，而天然的紫草含紫草宁仅有1%，可见生物工程方法培育植物对提高植物染料工业化生产的意义重大。大规模人工种植可提取色素的经济植物，可以减少单位面积的种植成本，利于统一管理，使染料原材料来源统一，保证了染料色相的相对稳定，更减少了乱砍滥伐对自然环境的破坏。目前，已经合成的等同体染料有8种：茜素、胡萝卜素、假红紫素、靛蓝、橘黄色、红紫素、鞣酸素和酸性靛蓝。它们都是模仿植物色素的结构、分布和功能研发的，还可以根据染色需要对等同体进行改性。如常用的酞菁颜料的基本发色体与血红素和叶绿素相似，只是芳环结构和中心金属原子不同。靛蓝类染料与动物黑色素的

基本结构接近。植物等同体染料是化学合成物，既有合成染料的成本低、纯度高、性能稳定等特点，又具有天然染料的安全性，其原料丰富，可大规模研发生产。生物天然染料的生产技术为染色工业开辟了一条新的希望之路。

二、开发微生物作为染色材料

微生物染料是通过发酵培养（如从蚕丝废料中培育出的詹森杆菌蓝紫霉色素、稻米上培养出的红曲米色素、马铃薯固体培养基中菌丝产生红色素等）产生色素，这些微生物染料通过修饰发色基团而获得广泛的色谱，具有抑菌功能。常见的曲霉菌、紫色杆菌、弧菌等已应用于染整领域中。采用生物染色方法，省去了烦琐的色素提取工艺，旨在探索一种新型生态的染色方法。微生物类天然染料可通过发酵培养的方式大批量生产，具有培养周期短、生产成本低、对人体安全无害、不受资源及环境限制等优点。微生物中的色素对美化人们的生活的作用不容忽视，在顺应回归自然的需求背景下，其一定会在纺织品、服装、家纺产品等领域拥有广阔的发展前景。

三、天然染料提取专门化

我国虽然是染料生产大国，但天然染料的开发和产量很低，更无大规模化生产，远远没有达到天然染料应用所需要的各项技术指标和经济指标。我国目前有 7 家天然染料生产规模较大的企业，如上海洁之境染料有限公司以现代化的生产设备及监控手段为主开发天然染料；陕西盛唐植物染料有限公司可以生产 20 个品种的植物染料；杭州彩润科技有限公司致力于高安全性、高附加值、高功能性生态环保型天然纺织材料的开发与应用，植物染已经初步形成一条完整的产业链，每月加工植物染色纤维含量在 20% 的色纱量可以达到近 100 t，产品具有独特的广谱抗菌、抗病毒和自洁功能，植物染色的纺织品色牢度达到 GB 18401—2010 A 类标准；郑州润帛化工有限公司是我国生产纺织品天然染料的厂家，其染料产品适合中高档及进出口纺织品面料。这些只是染料开发生产的一部分，远远不能满足需要，更无法替代合成染料。国内印染行业因产业不断升级和纺织品服用性能的持续发展而不断提升对新染料的需求，能够满足纺织品需求的天然染料规模化提取加工必将逐步填补染料行业市场的空白。天然染料共性少、品种多，加工方法差异大、染料的批差控制难，致使其生产效率低下。为了降低生产成本，提高产品档次，扩大应用范围，增加附加值，必须以规模化、标准化生产为方向进行天然染料的专门化提取加工，制定合理的配方和加工工艺，对提取加工的天然染料的色光、亲水性、强度、杂质制定统一的标准，以达到天然染料产业化规模，根据市场需求加工成半成品或成品，以便于存储和直接应用。

四、优化染色工艺以提高产品效益

目前，我国染整行业发展较快，产能增加，品种繁多，工艺技术也不断更新。我国染整工艺技术水平相对落后，染色工艺存在工艺烦琐、染色牢度较差、生产效率低等问题。探索具有国际先进水平的天然染料染色生态纺织品新工艺，寻找适合的媒染剂，在提高染色牢度和得色量的同时减少对环境的污染，从而提高产品质量，获得良好的效益，要达成上述一系列目标任重而道远。天然染料染色工艺是科学、艺术、经验、技术的结合，必须朝着简便高效、节约资源，减少环境污染的方向发展。运用现代技术对传统天然染料染色技术进行的改革，符合产业化要求，减轻了纺织品对合成染料的依赖，缩短了染色工艺周期，改善了染色织物的色牢度和手感，减少了染整业对环境的污染，使最终的染色产品生态化、生产过程清洁化，达到了提高产品效益的目的，促进了天然染料深加工纺织产业的发展。

五、天然染料产品与绿色染色工艺配套开发

我国天然染料染色纺织品自主品牌少，研发创新能力差，只有利用先进的染色配套技术（如生物酶精炼、后处理等环保型新工艺）进行产品开发，形成完整的产业链，才能满足要求。生物酶主要应用在天然纤维的前处理加工、消除杂质和织物后整理，以改善成品的染色效果和手感等。生物酶精炼、后处理等环保型新工艺，为纺织品低温染色提供了绿色环保方法，节能环保，为推动染整工业绿色生产技术的发展提供了技术支撑。同时，天然染料在我国发展蕴含巨大的商机，为我国纺织品打破贸易壁垒、提高出口创汇能力，打开了一扇希望之门。

六、研发仿生染色助剂及具有特殊功能的染料

仿生染色是利用生物色素的生态性、相容性和功能性进行常规染色的加工方法。如叶绿体中分子膜对叶绿素分子的分布起着重要作用，这

种结构对现代染色有很大启发，即在纤维中引入能够与染料有结合能力的其他组分，从而增强上染力。研发类似叶绿素分子膜的助剂，可以极大地改善染料的结合状态，甚至使一些无法染色的纤维的染料也具有染色功能，为今后的染料研究指明了方向，这将会推动传统染料工业乃至纺织工业的技术变革。具有特殊纳米结构（如大自然中的莲叶的防水结构）的纳米生态染料对纤维无选择性，染色牢度好，染料本身及染色过程完全符合生态要求，在印染行业的应用前景广阔。纳米技术的加入能使天然染料的应用性大大增强，其将成为天然染料染色功能纺织品（防水、防油、防紫外线、防菌、变色、耐热）的重点发展技术，可加大对这类绿色染料的合成技术研究。

综上所述，中国传统植物染料有着光辉的历史，近代因受合成染料的冲击，逐渐退出了许多地区的规模应用，但这一情况正在发生转变，植物染开始逐渐复兴。当然这种复兴并不是指再现植物染料一统天下的局面，而是植物染料走出"被边缘化"的困境，与合成染料共存共荣，并结合现代技术，在高端市场占领相当的份额。所以，把握和运用植物染的时代价值，从中汲取营养，传播植物染文化，是历史赋予我们的一项责任与使命。我们要促进传统植物染技术与艺术的现代化发展，努力将植物染技术发扬光大。